生态背景下的园林景观设计

雷 鸣◎著

吉林出版集团股份有限公司

图书在版编目（CIP）数据

生态背景下的园林景观设计 / 雷鸣著. — 长春 ：吉林出版集团股份有限公司，2022.7

ISBN 978-7-5731-1642-0

Ⅰ. ①生… Ⅱ. ①雷… Ⅲ. ①园林设计—景观设计—研究 Ⅳ. ①TU986.2

中国版本图书馆 CIP 数据核字 (2022) 第 117154 号

生态背景下的园林景观设计

著　　者　雷　鸣
责任编辑　郭亚维
封面设计　林　吉
开　　本　787mm×1092mm　　1/16
字　　数　230 千
印　　张　10.75
版　　次　2022 年 7 月第 1 版
印　　次　2022 年 7 月第 1 次印刷

出版发行　吉林出版集团股份有限公司
电　　话　总编办：010-63109269
　　　　　发行部：010-63109269
印　　刷　北京宝莲鸿图科技有限公司

ISBN 978-7-5731-1642-0　　　　定价：65.00 元

前　言

园林景观项目作为居民日常生活中不可缺少的部分。在新时期发展背景下，要想能够满足群众多样化设计需求，就要求设计人员及时调整传统工作模式，合理应用生态化设计手段。生态化园林景观设计能够以自然环境为出发点以及落脚点，在保证园林性能得以提升的同时，赋予整个项目美观性。为了做好园林景观生态化设计工作，本书将详细阐述有关实践经验，希望给相关人士提供参考。

在实际园林景观规划设计中，需要遵循分散性建设，其主要目的是满足更多的群众生活需求，使更多的人能够感受到园林景观带来的好处。其次，还可以在原有的园林景观基础之上，根据实际的情况增设一定的设备，例如，利用园区的水利资源建设喷泉，在美化的同时也能够对周边的环境进行调节，增加空气湿度，为人们生活休闲娱乐提供了优质的自然生态环境。

生态理念园林景观设计除了注重美感之外，还需要重视自然环境是否具备可持续发展的能力，需要通过一系列的设计将生态理念在园林景观中呈现出来，以充分开发自然环境所具有的潜力。其次对于水资源的利用和保护，一些植被是天然的水资源净化器，例如，净化草皮、灌木以及水面浮草植物，利用植物的净化特性可以有针对性地回收部分废水，通过植物的净化作用对生活污水起到净化作用等等。

在园林景观设计过程中，科学地运用生态理念，能够促进人与自然的和谐发展和进步，同时也推动了社会的发展和进步。在实际的设计过程中，设计师需要着重考虑生态理念元素，通过强化生态理念元素的建设，推动生态理念园林建设，达到科学可持续发展的目的。

雷　鸣

2022年7月

目录

第一章　生态学基础

自 20 世纪 70 年代以来，随着环境污染、资源短缺、人口膨胀和自然保护等问题引起的关注，“生态”一词成为报纸杂志、广播电视中的常见词语。可以说，没有哪一门学科像生态学这样，在几十年间获得了如此广泛的发展与普及。当今的生态学不仅和许多自然科学的分支学科相融合，形成许多交叉的边缘学科，如海洋生态学、工业生态学、农业生态学等，而且和许多社会科学相结合，出现了诸如生态经济学、社会生态学、生态哲学等分支学科。生态建筑学正是这许多新分支学科中的一门。在学习生态建筑和进行生态建筑活动时，生态学的基础知识和原理是不可缺少的，它是生态建筑学的理论根基，本章将对这些必备的基本知识做简要介绍。

第一节　生态学的产生与发展

一、生态学的产生

生态学是生物学发展到一定阶段后，从生物学中孕育出来的一门分支学科。近代科学产生后，人们开始对自然界的各种动植物进行分门别类的研究。从 19 世纪初至 19 世纪中叶，植物地理学家、水生生物学家和动物学家在各自的领域里进行了深入的研究，对自然界的动物、植物和微生物以至于人这种特殊生物的知识已有相当多的积累。随着后来对物种起源和进化以及其他方面研究的深入，人们发现生物体与环境之间有着重要的依存关系。一方面，生物必须从环境中获取食物、水等才能生存，环境对生物个体或群体有着很大的影响；另一方面，生物的活动也在某些方面改变着环境，如动物的排泄物和遗骸增加了环境中的营养成分，植被的覆盖使原先裸露的土壤表面变得湿润、阴凉。因而，人们认识到，只研究生物有机体的形态、结构和功能等还不能全面认识生物，生物与环境不能分开，必须进一步将两者作为一个整体来看待并加以研究。

1886 年德国动物学家赫克尔（E.Haeckel）首次提出了“生态学（ecology）”的概念，它标志着生态学这门新学科的正式诞生。“ecology”一词来源于希腊文“Oikos”

和“logos”，前者是“家”或“住处”之意，后者为“学科”之意。“生态学 ecology”与“经济学（economics）”的词根“eco”相同，经济学最初是研究“家庭管理”的，因此，生态学有管理生物或创造一个美好家园之意。赫克尔最初给生态学（ecology）下的定义是“我们把生态学理解为与自然经济有关的知识，即研究动物与有机和无机环境的全部关系。此外，还包括与它有直接或间接接触的动植物之间的友好或敌意的关系。总而言之，生态学就是对达尔文所称的生存竞争条件的那种复杂的相互关系的研究。”显然，这一定义主要是基于研究动物提出的。1889 年，他又进一步指出：“生态学是一门自然经济学，它涉及所有生物有机体关系的变化，涉及各种生物自身以及他们和其他生物如何在一起共同生活。”这样就把生态学的研究范围扩大到对动物、植物、微生物等各类生物与环境相互关系的研究。自此以后的近一个世纪里，生态学的定义几乎没有变化。

二、生态学的发展

生态学作为一门独立的学科，提出之初，并不为人们所接受，主要原因在于生态学是一门多形态的学科，早期的研究对象不像其他传统学科研究对象那样明确且研究对象的尺度并不确定。这种状况一直持续到种群研究的广泛开展才有所改观。

在 20 世纪前半叶里，生态学出现了兴旺发达的景象，形成了比较完备的理论体系和研究方法，并产生了许多分支学科。这些分支学科所研究对象的侧重点不同，有些是研究水生动物，有些是研究植物，有些侧重于个体研究，有些侧重于某一区域群体生态学工作。研究方法也不相同，有实地调查，也有数学统计和模型推导，逐步完善了描述性生态学工作。但总体而言，这一时期研究较多的是植物生态学，其次是动物和微生物生态学，较少把人类本身作为自然界一员纳入生态学研究中去。

从 20 世纪后半叶至今，生态系统成为生态学最活跃的研究对象，尤其是进入 20 世纪 60 年代以后，由于环境问题变得越来越严峻，生态学的研究更是得到了迅速发展。人们不仅能够运用生态学传统理论对动植物和微生物的生态学过程做出较为圆满的解释，而且在个体、种群、群落和生态系统等领域的研究中都取得了重大进展。特别是其他学科的加盟和相互渗透，计算机技术和遥测等技术的应用，系统论和控制论方法的引入，都进一步丰富并拓展了生态学的研究内容和方法。目前，人类面临的环境污染、人口爆炸、生态破坏与资源短缺等全球问题的解决，都有赖于对地球生态系统的结构和功能、稳定和平衡、承载能力和恢复能力的研究。生态学的一般理论及其分析方法也正在向自然科学的其他领域和相邻的社会学、人类学、城市学、心理学等领域渗透，现代自然科学的主导趋势之一是它的“生态学化”。

随着研究对象和内容的拓展，生态学的概念也在不断发展和完善。20 世纪 60 年代以来出现了许多生态学的新定义，例如，美国生态学家奥德姆（E.P.O.dum，1971）曾提出："生态学是研究自然界结构和功能的科学，这里需要指出的是人类也是自然界的一部分。"1997 年，他又在其撰写的新书《生态学——科学与社会的桥梁》中进一步指出，起源于生物学的生态学越来越成为一门研究生物、环境及人类社会相互关系的独立于生物学之外的基础学科，是一门研究个体与整体关系的科学。我国学者马世骏（1980）也提出："生态学是一门综合的自然科学，研究生命系统与环境系统之间相互作用规律及其机理。"这些新定义进一步扩展了生态学的研究内容和对象，将研究对象从有机体推及所有的生命系统，这种生命系统除了自然的动植物外，还包含人类自身。生态学的基本定义是:研究生物与生物之间、生物与非生物之间的相互关系的科学。

三、生态学研究对象

地球上的生物可以分成不同的层次或组织水平。生态学家奥德姆形象地用"生物学谱"来表示生态学研究的不同层次对象。它们分别是，基因——自然界中构成生命物质的最小单位；细胞——生物体的基本结构和功能单位；个体——生物物种存在的最小单位；种群——同种个体的集合群体，是物种得以世代遗传的保证；群落——生境中所有动植物和微生物的总和，是生态系统的重要组成部分；生态系统——生物群落与非生物环境组成的物质循环和能量流动系统，是生态学中的基本功能单位。生态学研究对象是从简单到复杂，从低级到高级的各种生命组织。当生命组织从一个层次过渡到另一个较高的层次时，就会出现一个新的性质和特征。早期生态学研究以生物个体为主，致使其难以与生物学研究对象相区别。故此，生态学作为一门单独的学科，迟迟不为人们所接受。经典生态学研究以种群和群落为主，现代生态学研究则是以生态系统为核心。

第二节 自然生态系统

一、自然生态系统的组成与特点

自然生态系统是由非生物环境和自然生物成分组成的系统。非生物环境包括气候因子（太阳辐射、风、温度、湿度等）、生物生长的基质和媒介（岩石、沙砾、土壤、空气和水等）、生物生长代谢的物质（二氧化碳、氧气、无机盐类和水等）三个方面。在自然生态系统中，生物被分为生产者、消费者、分解者。生产者主要指绿色植物，它利用光合作用将太阳能以化学键能的形式储存于有机物中。消费者指直接或间接从植物中获得能量的各种动物，包括草食动物、肉食动物和杂食动物等，人就是典型的杂食动物。分解者是指能分解动植物尸体的异养生物，主要是细菌、真菌和某些原生动物和小型土壤动物。

地球上有无数大大小小的自然生态系统，大到整个海洋、整块大陆，小至一片森林、一块草地、一个小池塘等。根据不同水陆性质，可将地球生态系统划分为水域生态系统和陆地生态系统两大类。水域生态系统又可分为淡水生态系统和海洋生态系统两个次大类；陆地生态系统则可分为森林生态系统、草原生态系统、荒漠生态系统、高山生态系统、高原生态系统等。

任何自然生态系统都具有以下特性：①是生态学上的一个结构和功能单位，属于生态学上的最高层次；②内部具有自调节、自组织、自更新能力；③具有能量流动、物质循环、信息传递三大功能；④营养级的数目有限；⑤是一个相对稳定的动态系统。

二、自然生态系统的结构与功能

自然生态系统具有形态和营养两种结构特征。形态结构是指生态系统的生物种类、数量水平和垂直分布，以及种的发育和季相变化等。营养结构是指生态系统各组成分间由于营养物质的流动形成的关系。自然生态系统具有自动产生物质循环、能量流动和信息传递的功能。

（一）自然生态系统中的物质和能量自产

在自然生态系统中，绿色植物通过光合作用将太阳能转换为化学能并储存在有机物中，这就是生态系统中的能量自产；同时，通过光合作用，将无机物合成为有机物，这就是生态系统中的物质自产。光合作用过程可概括为

$$6CO_2+12H_2O+光\rightarrow C_6H_{12}O_6+6O_2\uparrow+6H_2O$$

生态系统中绿色植物生产能量和物质的过程称为初级生产。有了初级生产，能量就在生态系统中流动，物质就在生态系统中循环。生态系统中，除初级生产以外的生产称为次级生产，是指消费者和还原者利用初级生产进行的生产，表现为动物和微生物的生长、繁殖和营养物质的存储等生命活动过程。

（二）自然生态系统中的能量流动

在自然生态系统中，绿色植物利用光合作用将太阳能转换为化学键能储存于有机物中，随着有机物质在生态系统中从一个营养级到另一个营养级传递，能量不断沿着生产者、草食动物、一级肉食动物、二级肉食动物等逐级流动。这种能量流动是单向的、逐级的，且遵循热力学第一定律和第二定律，即能量在流动过程中，要么转换为其他形式的能量，要么以废热形式消散在环境中。能量在从一个营养级向下一个营养级流动的过程中，一定存在耗散。

生态效率是指能量从一个营养级到另一个营养级的利用效率，即在营养级生产的物质量与生产这些物质所消耗的物质量之比值。在自然生态系统中，食物链越长，损失的能量也就越多。在海洋生态系统和一些陆地生态系统中，能量从一个营养级到另一个营养级，其转换效率仅为10%，而90%的能量在流动过程中散失了。这一定律称为林德曼“百分之十”定律，这是自然生态系统中营养级一般不能超过四级的原因。

（三）自然生态系统中的物质循环

生态系统中的物质主要是指生物为维持生命活动所需要的各种营养元素，包括能量元素——碳C、氢H、氧O，它们占生物总重量的95%左右。大量元素是指氮N、磷P、钙Ca、钾K、镁Mg、硫S、铁Fe、钠Na；微量元素是指硼B、铜Cu、锌Zn、锰Mn、钼Mo、钴Co、碘I、硅Si、硒Se、铝Al、氟F等，它们对于生物来说，缺一不可。这些物质，从大气、水域或土壤中，通过生产者吸收进入自然生态系统，然后转移到草食动物和肉食动物等消费者，最后被还原者分解转化回到环境中。这些释放出来的物质，又一次被植物利用吸收，再次参加生态系统的物质循环。

物质循环和能量流动是自然生态系统的两大基本功能，两者不可分割，是一切生命活动得以存在的基础。如果说自然生态系统的能量来自太阳，那么构成自然生态系统所需要的物质必须由地球供给。

（四）自然生态系统中的信息传递

在自然生态系统中，种群与种群之间，同一个种群内部个体与个体之间，甚至生物与环境之间都可以表达和传递信息。信息不是物质，也不是能量，但信息必须寄载在物质上，通过能量进行传输。信息传递与能量流动和物质循环一样，都是生态系统的重要功能，它通过多种方式的传递把生态系统的各组分联系成一个整体，具有调节系统稳定性的功能。我们一般把信息分为基因信息和特征信息两大类。基因信息是生命物种得以延续的保证，是一组结构复制体，它记录了生物种类的最基本性状，在一定的生物化学条件下，可以重新显示发出者的全部生理特征。特征信息分为物理信息、化学信息、营养信息、行为信息四类，主要用于社会交流与通讯。

通讯是指种群中个体与个体之间互通信息的现象。只有互通信息，个体之间才能互相了解，各司其职，在共同行动中协调一致。信号是个体之间用以传递信息的行为或物质。通讯根据信息的传递途径分为：化学通讯——由嗅觉和味觉通路传导信息；机械通讯——由触觉、听觉通路进行传导，包括声音和触压方面；辐射通讯——由光感受或视觉来完成其通讯能力，视觉信号包括动作、姿势以及各种色彩的展示。通讯的生态意义如下。①相互联系。通讯引导动物与其他个体发生联系，维持个体间的相互关系，例如，标记居住场所、表示地位等级等，可以通知对方本身的存在，使行为易于为感受者所接受。②个体识别。通过通讯，动物彼此达到互相识别。③减少动物间的格斗和死亡。标记居住场所、表示地位等级，可以减少社群成员之间的竞争。④帮助各个体间行为同步化。⑤相互警告。⑥有利于群体的共同行动。

三、食物网与生态金字塔

植物所固定的太阳能通过一系列的取食和被取食在生态系统中传递，形成食物链。生态系统中各种食物链相互交错、紧密结合在一起形成食物网。自然界中的食物链和食物网是物种与物种之间的营养关系，这种关系是错综复杂的。为了简化这种复杂的关系，以便于进行定量的能流分析和对物质循环的研究，引入了营养级的概念。处于食物链某一环节上的所有生物构成一个营养级。营养级之间的关系是指某一层次上的生物和另一层次上的生物之间的关系。

在自然生态系统中，营养级之间的关系总是后一营养级依赖于前一营养级，输入到一个营养级的能量只有10% ~ 20%流到后一个营养级。物质和能量的数量逐级传递，形成生态金字塔。生态金字塔可以是能量金字塔、数量金字塔，也可以是单位面积生物的重量即生物量金字塔。

四、自然生态系统的平衡与演替

自然生态系统的平衡是指在一定时间内，系统中能量的流入和流出、物质的产生和消耗、生物与生物之间相互制约、生物与环境之间相互影响等各种对立因素达到数量或质量上的相等或相互抵消。生态平衡是一种动态平衡，它使生态系统的结构和功能在一定时间范围内保持相对不变，即处于相对稳定状态。一个相对平衡稳定的自然生态系统，在环境改变和人类干扰的情况下，在一定的范围内，能通过内部的调节机制，维持自身结构和功能的稳定，保持自身的生态平衡，这种调节机制称为稳定机制。生态系统的稳定机制是有一定限度的，超出了这个限度，将造成系统结构的破坏、功能的受阻和正常关系的紊乱，系统不能恢复到原有状态，甚至导致系统的毁灭，这种状态称之为生态失衡。影响生态平衡的因素很多，主要有植被破坏、物种数量减少、食物链被破坏等。

自然生态系统演替就是生态系统的结构和功能随时间的改变，是指生态系统中一个群落被另一个群落所取代的现象。自然生态系统的演替具有自调节、自修复和自维持、自发展并趋向多样化和稳定的特点，是有规律地以一定顺序向固定的方向发展的，因而是能预见的。任何一类演替都经过迁移、定居、群聚、竞争、反应、稳定六个阶段。演替是物理环境改变的结果，但同时受群落本身的控制。演替是从种间关系不协调到协调，从种类组成不稳定到稳定，从低水平适应环境到高水平适应环境，从物种少量性向物种多样性发展，最后形成一个与周围环境相适应的、稳定的顶级生态系统（例如气候顶级生态系统）的过程。在顶级生态系统中有最大的生物量和生物间共生功能。

在自然生态系统演替各阶段中，各种物种是相互适应的，一个物种的进化会导致与该物种相联系的其他物种的选择压力发生变化，继而使这些物种也发生改变，这些改变反过来又进一步影响原有物种的变化。因此，在大部分情况下，物种间的进化是相互影响的，共同构成一个相互作用的协同适应系统。

第三节　人工生态系统与生态足迹

一、人工生态系统

人工生态系统是指有人为因素参与或作用的生态系统。人工生态系统按人为因素参与或作用的程度不同可分为低级、低中级、中级、中高级、高级人工生态系统。人工程度越高，人为主导作用越强，自然因素就越少或所起的作用就越小。例如，渔猎文明时期的社会系统是低级的人工生态系统，它的运作与自然生态系统没有多大差别；农业文明时期的社会生态系统是低中级的人工生态系统，人类培养栽种农作物，驯养禽兽，自身可以部分控制调节生态系统物质能量的生产和输出；现代化高度发达的城市属于高级人工生态系统，它本身不具备物质能量的生产和废弃物降解能力，是一个物质、能量高度集中和高度消费并产生大量废弃物的人为生态系统。人工生态系统有以下几点特性。

（一）任何人工生态系统都存在于某一自然生态系统之中，并成为其消费者或调节者，可增加或减弱该系统的物质能量生产，可促进或阻止该系统的进化发展，还可修复或破坏该系统的结构和功能。其结果的好坏完全取决于人类的活动。

（二）人工生态系统通常是以人为中心的生态系统。人是这个系统的核心和决定因素。这个系统是人根据自己的决定创造的，反过来又作用于人。因此，在人工生态系统中，人既是调节者也是被调节者。人的主观能动性对人工生态系统的形成和运行有很大影响。例如，人可以在人工生态系统中合成并利用自然界并不存在的新物质，但这些物质如果不能被自然界分解，就会危害自然界，进而危害人工生态系统自身。人工生态系统除了涉及生物人的特性，还涉及人与人之间的社会关系以及经济关系。

（三）人工生态系统中的各组成部分之间的相互作用，仍是通过物质代谢、能量流动、信息传递而进行的。物质代谢的快慢、能量流动的大小、信息传递的多少与人工程度的高低有关。

（四）人工生态系统通常是消费者占优势的生态系统。其能量和物质相对集中，全部或部分由外环境输入，因此，它对其所在自然生态系统有依存性。人工生态系统中，物质能量结构是金字塔、倒金字塔还是其他形状，取决于人工程度的高低。在自然生态系统中，能量和物质只是依靠食物链或食物网而流动循环，在人工生态系统中，吃、穿、住、行等都是能量和物质的流动途径。

（五）人工生态系统通常是分解功能不充分的生态系统。由于人工生态系统中缺乏或仅存少量的分解还原者，造成其分解还原功能低下；又由于大量废物排出，人工生态系统中的环境受到严重污染。因此，人工生态系统无论是物质能量生产还是废弃物吸收，都依赖于外部环境系统。人工程度越高的系统，对周围环境的依赖越强。

（六）人工生态系统的自我调节能力和自我维持能力较自然生态系统薄弱。由于人工生态系统或多或少对外界自然环境有依存性，其抗外界干扰和破坏的能力较弱，稳定性较差。

二、生态足迹

众所周知，任何自然生态系统中的资源总是有限的，只能承受一定数量的生物，否则将导致该生态系统的破坏。因此，生态学中的“容纳量”是指生活在某一自然生态系统内，不会导致该系统永久性破坏的某一种生物的数量。在人工生态系统中，由于有人为因素的参与和作用，其能量流动和物质循环涉及的范围较自然生态系统要广泛得多，其利用目的和形式也复杂多样，因此，不能将自然生态系统中的“容纳量”概念用于人工生态系统。“生态足迹（Ecological Foot print）”类似于“容纳量”应用于人工生态系统的一个概念，通常定义为：能维持某一地区人口的现有生活水平，并能消解其生产的废物所需要的可生产土地和水域面积。生态足迹理论是一种非常有效直观的理论，有利于我们转变思考问题的视角和方式，从而对目前的生态问题和可持续发展观念有更深刻和更全面的认识。生态足迹的具体计算公式为

$$EF = N[ef = \sum(aa_i) = \sum(C_i/P_i)]$$

式中：i 为消费商品和投入的类型；P_i 为 i 种消费商品的全球平均生产能力；C_i 为 i 种商品的人均消费量；aa_i 为人均 i 种交易商品折算的生物生产性土地面积；N 为人口数；ef 为人均生态足迹；EF 为总的生态足迹。在生态足迹的计算公式中，生物生产性土地面积主要考虑六种类型，即化石燃料地是人类应该留出吸收二氧化碳的土地；可耕地从生态角度看是最有生产能力的土地；林地包括人工林和天然林；草场是人类主要用来饲养牲畜的土地；建筑用地是目前人类定居和道路建设用地；水域是目前地球提供水生物产品的土地。

第四节 生物多样性与生态冗余

一、生物多样性

生物多样性可定义为生物多样化和变异性以及生境的生态复杂性。它包括植物、动物和微生物物种的丰富程度、变化过程以及由其组成的复杂多样的群落、生态系统和景观。生物多样性一般有三个水平，即遗传多样性，指地球上各个物种所包含的遗传信息的多样化；物种多样性，指地球上生物种类的多样化（由生物群落中物种的数目及其分配状况来衡量）；生态系统多样性，指的是生物圈中生物群落、生境与生态过程的多样化。

生物多样性是地球上经过几十亿年发展进化所形成的生命状态的总体特征，也是人类社会赖以生存和发展的重要物质基础，是自然科学、社会科学、旅游观赏、文化历史、精神文明等多门学科教育和研究的重要材料。每一种生物都是大自然的杰出创造和人类的宝贵财富，失去则不可复得。Helliwell（1969）将生物多样性的价值归纳为七个方面：①直接收入——通过旅游观赏、考察、钓鱼、狩猎和采摘果实等活动直接获得物质和经济收入；②遗传库——每种生物都是一个遗传库，其中遗传物质的保存有利于动植物品种改良等，并且是提供新医药、新食品的来源；③维持生态平衡——动植物自然种群保障了生态系统的稳态，例如，可以避免有害生物的大爆发；④教育价值——通过直接或有趣的方式，让人们知道生物世界是如何产生功能的，使人们从中得到教育；⑤科学研究价值——生物多样性是人们研究生物学问题的材料，并且有益于科研工作者的训练；⑥满足自然爱好——生物多样性为一些业余的自然爱好者提供兴趣基础，也为摄影家、艺术家、诗人等提供题材；⑦地方特征——某些地方特有的生物多样性成为其地方特征。

人类活动的不断增加和无节制的索取、滥捕乱猎活动和各种有毒物质的使用，导致了生物栖息地的减少和改变；大量生物死亡，导致生物多样性趋于枯竭或绝灭。2007 年，世界自然保护联盟的科学家们对全球 4 万种动植物进行了调查，统计结果显示：1/3 的两栖动物、1/4 的哺乳动物、1/8 的鸟类和 7/10 的植物被列为“极危”“濒危”“易危”三个级别，都属于生存受到威胁的物种；面临灭绝危机的动植物比 2006 年增加了 188 种，已达到 16306 种，占被评估全部物种的 40% 左右。因此，生物多样性的保护已迫在眉睫。

二、生态冗余

冗余是指系统为了保证自身正常运转或相对稳定，所具有的某种储备或调节机制。例如，对于一个机械系统而言，其零件总是有一定寿命的，它们不可避免地会发生故障。为保障系统的正常运转，就必须为系统配备一定数量的零件，这种备件就是机械系统的冗余。没有冗余的系统是脆弱的，经不起随机事件的干扰。生态冗余是指自然生态系统或生命有机体为了自身的发展以及保证自身结构和功能的稳定所做出的一种战略性储备或调节机制。生态系统中各种营养级的存在就是一种营养结构的冗余；当生态系统的某种植食动物遭受捕食者的过度猎杀或因外界干扰其种群数量大幅度下降时，只要还有其他种类的植食动物可供捕食者捕猎，就不会导致该植食动物的毁灭。同样，捕食者由于有多种猎物可捕食，也不会因某一种猎物毁灭而立即灭绝。这样，食物网就比食物链更能使生态系统结构稳定。实践经验已经表明，生态系统越复杂，生物多样性越丰富，则其结构和功能越稳定，也越能抗拒外界的干扰和破坏。因此，生物多样性是自然生态系统生态冗余的重要体现。众所周知，人工农业生态系统，由于物种单一，很容易遭到虫害；原始的热带雨林中，不会出现昆虫“爆发”的现象，但在人工林里就很容易产生“爆发”现象；例如，营造马尾松纯林，容易被松毛虫毁灭，但营造针阔混交林，就没有这种现象。这些都是由于生态冗余不同产生的结果。

第五节　生物与环境之间的关系

一、环境对生物的选择

环境是影响生物个体或群体生存和发展的一切事物的总称，可分为非生物环境和生物环境。非生物环境是指气候因素、土壤因素、地形因素等。气候因素包括光照、温度、湿度、降水、风和气压等；土壤因素主要指土壤的各种特性，如土壤结构、有机物和无机物的营养状态、酸碱度等；地形因素包括地面各种特征，如坡度、坡向、海拔高度等。而生物环境是指某一生物的同种其他个体或异种生物，也包含人为因素。任何一种环境都包含了很多因素，这些因素在生态学中称为生态因子。在生态因子中，对生物生长、发育、生殖、行为和分布起决定作用的因子称为主导因子。

环境是生物赖以生存的基础，生物必须从环境中获取物质和能量才能生存和发展。每一种生态因子都对生物有或多或少、直接或间接的作用，并且这种作用随着作用对象、时间和空间的变化而有所不同。任何一种生态因子在数量上或质量上的不足或过多，都会影响生物的生存和分布，也就是说，某种生态因子只要接近或超过生物的耐受范围，就会成为这种生物的限制因子。环境中各种生态因子对生物的作用虽然不尽相同，但都很重要，它们不是彼此孤立而是相互联系、共同对生物产生影响。主导因子对生物的影响起绝对性作用，其变化会引起其他因子也发生变化。从总体上来讲，生态因子（尤其是主导因子）之间是不可替代的，但生态因子之间有时是可以局部相互补偿的。

各种生态因子对生物的共同作用表现为环境对生物的选择。环境对生物的选择将有利于那些能最大限度地将自身基因或复制基因传递到未来时代的个体。自然选择不仅在过去起作用，而且在现在和未来也起作用。

二、生物对环境的适应

生物对环境的适应是指生物为了生存和发展，不断地从形态、生理、发育或行为各个方面进行自身调整，以适应特定环境中的生态因子及其变化。不同环境会导致生物产生不同的适应性变异，这种适应性变异可以表现在形态、生理、发育或行为等各方面。如果生物的适应性变异能遗传给下一代，则这种适应称为基因型适应，否则称为表型适应。物种通过漫长的进化过程，调整遗传成分以适合于改变的环境条件称为进化适应；生物个体通过生理过程的调整以适合于气候条件、食物质量等环境条件改变称为生理适应。例如，在同一分类单位中，恒温动物的大型种类，趋向于生活在寒冷的气候中，而其突出部分在低温环境中，有变短变小的趋势；生物个体感觉器官随着它们所能够感觉到的环境刺激的改变而进行调整称为感觉适应。动物通过学习以适应环境变化称为学习适应。

因为有种间竞争、种内竞争、捕食关系或寄生关系等，所有的生物始终处于选择压力之下。它们很少生活在其最适宜的环境内，而大多是生活在较适宜的栖息地内，在那里，它们能够最有效地竞争，获得最大的生态利益。生物虽然可以通过改变环境因素，采取多种方式来调整适应环境，但却始终不能逃脱生态因子的限制作用。动物的任何行为都是以给自己带来收益为目的，同时也会为达到此目的付出一定代价，自然选择总是倾向于使动物从所发生的行为中获得最大的净收益。

环境对生物的选择是进化的动力，生物对环境的适应则是进化的结果，而作用于生物的选择压力又决定着进化和适应的方向。现存生物是自然界长期选择或生物长期适应的结果，具有较强的环境适应能力，能充分有效地利用环境资源。

第六节 生物与生物之间的关系

一、竞争与生态位

生物的资源是指对某一种生物有益的任何客观实体，包括栖息地、食物、配偶，以及光、温度、水等各种生态因子。竞争是指生物为了利用有限的共同资源，相互之间产生的不利或有害的影响，通常只有在生物所利用的资源是共同的，而且资源是在有限的情况下才会产生。它包括间接竞争和直接竞争。间接竞争是指生物之间没有直接行为的干涉，而是双方各自消耗利用共同资源，由于资源可获得量减少从而间接影响对方的存活、生长和生殖。直接竞争也称相互干涉性竞争，例如，动物之间争夺食物、配偶、栖息地等发生争斗。竞争又分为种内竞争和种间竞争。种内竞争由于个体在遗传上是等价的，有相同的资源要求，且在结构、功能和行为适应上也比较相似，因此较种间竞争激烈。种间竞争发生在不同物种需要某些共同资源的地方，取决于需求资源的相似程度和资源的缺少程度。种内竞争有调节种群密度的作用，种间竞争可以导致物种分化和新物种的形成。

生态位又称为生态龛，是指生物在一定层次、一定范围内生存发展时所需要的条件（包括物质、能量、空间、时间）和能够发挥的作用——对该范围内的“生态环境”的影响，也可理解为生物在特定的生态系统中所处的“位置”或“地位”。这里的“位置”不仅指生物占据的空间位置、生活的时间范围，还指适于生物生存和发展的其他生态因子的范围，以及生物能利用的特定资源条件；这里的“地位”不仅指生物在食物链或食物网中所起的作用，还指生物在生态系统中其他方面所起的作用和所发挥的功能。因此，生态位分为生境生态位和功能生态位。生境生态位是指能为生物利用或占有的环境因素的范围或位置。例如，生物生活所处的空间和时间段，适合于生物生存的温度、湿度、土壤物性范围等。功能生态位是指生物在生态系统中所起的作用和所处的地位，也就是生物在所有关系网中扮演的角色。例如，自然生态系统中，生物在食物链或食物网中的位置就是其营养生态位。生态位按照是否为生物自身创造和生产，分为自产生态位和非自产生态位。生态位含意广泛，是一种多维概念。

一个物种只能生活于环境因素的特定范围内，只能利用某些特定的资源条件，只能占有特定的时间、空间段。因此，每个物种在群落中都有不同于其他物种的生态位，它不仅决定了生物在哪里生活，而且决定了它们如何生活。生物的生态位可能随时间、空间的变化而发生变化。即使是在同一空间里，同一种生物在不同的发育阶段或不同性别，它们的生态位所需要的营养也不相同，例如，蝌蚪是植食性动物，发育成熟后的青蛙则是肉食性动物。

不同物种的生态位越相似，竞争就越激烈。生态位相似的两种生物不能在同一地方永久共存。也就是说，在同一生态位不可能长久地存在于不同的物种。如果在某个时间段共存两种不同的物种，随着时间的推移，要么其中一种物种消失，要么发生生态位分离。因此，在漫长的进化过程中，在种内竞争和种间竞争的作用下，生活在同一地区的不同物种必然在生态位上形成各种差别。

二、集群效应与领域行为

集群是指同种生物个体生活在一起的现象。根据群体生活时间长短，集群可分为临时性集群和永久性集群。集群原因复杂多样，主要有：对资源（食物、光照、温度、水等）的共同需要；对昼夜天气或季节气候的共同反应；繁殖、被动运输的结果以及个体之间的社会吸引等。同种个体在一起生活产生的有利作用称为集群效应。集群效应的优点在于：有利于提高捕食效率；有利于共同防卫敌害；有利于改变小生境；有利于提高学习效率和工作效率；有利于繁殖。

集群效应只有在足够数量的个体参与聚群时才会产生。因此，对于一些集群生活的动物种类，如果数量太少，低于集群的临界下限，则该动物种群就不能正常生活，甚至不能生存，这就是所谓的“最小种群原则”。但是，随着群体当中个体数量的增加，当密度过高时，由于食物和空间等资源缺乏，排泄物的毒害以及心理和生理反应，则会对群体带来不利的影响，导致死亡率上升，抑制种群的增长，产生所谓的拥挤效应。由于自然长期选择与生物长期适应的结果，种群密度高低及分布特点反映了环境条件的优劣。种群密度的高低与生物个体大小和食性相关。一般来说，植食动物比肉食动物密度高，食性相似的动物，个体大的密度小。

每种生物的种群密度都有一定的变化范围，最大密度是指特定环境所能容纳某种生物的最大个体数，最小密度是指种群维持正常繁殖、弥补死亡所需要的最小个体数，最适密度是指使种群增长最快的密度。在一定条件下，当种群密度处于最适密度时，种群增长最快，密度太高或太低，都会对种群的增长起到限制作用。

领域是指动物个体、配偶、家族等活动并受其保护、不让其他动物进入的区域或空间。领域作用具有以下特性：排他性——不允许其他动物，通常是同种动物进入；伸缩性——领域的大小与物种种类、生态条件与时间变化有关；替代性——当领域的占有者被移去或死亡后，它们的领域很快被其他者占领。领域行为的生态学意义可以归纳如下：隔离作用——领域行为将可利用的栖息地划分成若干单位，能够促进个体或群体合理分布，减少种内竞争，防止过度拥挤和食物不足。调节数量——领域划分具有调节种群数量的作用。特定的环境只能给动物提供有限数量的领域，不能获得领域的动物不能繁殖，因此，领域行为能够将种群数量维持在环境的容纳量之下；当占有领域的动物死亡时，那些不能获得领域的动物则有机会获得领域进行繁殖，从而能够避免种群数量下降。有利于生物繁殖——鸟类就是领域行为能够促进繁殖的成功范例。自然选择作用——领域行为剔除了弱小的个体，因此成为一种进化的力量。在具有领域行为的物种当中，那些不能建立领域和保护领域的个体不能繁殖，因此它们的遗传特性不能传递到后代。

三、社会等级与种间关系

社会等级是指生物群体当中生物个体各自有一定的等级地位。等级地位较高的优势个体比等级地位较低的从属个体优先获得资源，满足其食物、栖息场所、配偶等需要，群体内部这种个体之间的等级关系就称为社会等级或优势顺序。社会等级发生在封闭式的群体中，主要有三种基本形式：一长式——社群中的所有个体只受一个优势个体支配，其他成员没有等级差别；单线式——社群中的每个个体都有一定的地位，甲支配乙、乙支配丙、丙支配丁……也称啄食等级；循环式——也称三角式，甲支配乙、乙支配丙，丙支配甲。社会等级对于生物有以下生态学意义。①非争斗性地获得有限资源。个体之间可以通过通信、威胁等方式来代替格斗，减少伤害。②调节种群的数量。优势个体能在竞争中获得领地和配偶，能成功地进行繁殖和生育，而从属个体则不能生存繁殖。由此，社会等级具有控制种群数量增长的作用。③起到自然选择的作用。当资源不足时，优势个体可以优先获得食物等资源而生存，从属个体则首先出现饥饿和死亡，从而剔除弱小个体的基因遗传，成为一种进化力量。

种间关系是指不同物种种群之间的相互关系。两个种群之间的相互关系既可是直接的，也可是间接的。

生态学是研究生物有机体与其环境之间相互关系的学科，其研究对象是生命系统，从低到高可分为基因、细胞、生物个体、种群、群落和生态系统六个层次。

自然生态系统由生物群落和非生物环境组成，通过生产者、消费者、分解者，建立食物链和食物网，具有能量流动、物质循环和信息传递的功能。自然生态系统通过内部的调节机制维持动态平衡和相对稳定，其结构和功能随时间从简单到复杂、从低级向高级、从不稳定向稳定方向演化。人工生态系统是指有人为因素参与或作用的生态系统，它以人为主体和核心，一般是消费者占优势、物质能量相对集中的生态系统，或多或少依赖于周围自然生态系统的支撑。生态足迹是用于人工生态系统、描述人类生活所需要的资源量的一个概念，通常是指能维持某一地区人口的现有生活水平，并能消解其生产的废物所需要的可生产土地和水域的面积。生物多样性是指生物多样化和变异性以及生境的生态复杂性，是地球上经过几十亿年发展进化的生命总和，是人类赖以生存的物质基础。生态冗余是生命有机体为了自身的发展以及保证自身的结构和功能稳定所做出的一种战略性储备对策。生态系统中生物多样性越好，生态冗余越大，系统越稳定。生物依赖其生境获得能量和物质，同时在环境选择中通过适应环境得以生存和发展。生态位指生物在其所处环境中的位置和地位，它决定了生物的生活方式。生物通过种内竞争和种间竞争以获得生态位。同种生物间通过集群效应和领域作用优化种群，并通过等级制度的建立避免冲突，维持相对稳定。从有益于自然生态系统演化发展观点看，种间各种关系对双方都是“有利”的，它们之间是协同进化的。

第二章　生态背景下园林景观设计概述

第一节　园林景观的设计要点及问题

本节通过分析目前我国园林景观设计存在问题，从设计风格、设计专业性以及设计生态性进行分析简述，并且提出了园林景观设计的特色、视觉以及规划要点。

一、目前园林景观设计存在的问题

（一）园林景观设计盲目跟风

我国目前的园林景观设计已经有意识地在提升传统中国文化方面做努力，在园林景观设计方面的设计风格也明显提升。但是整体的园林景观设计仍然缺乏自身特色以及存在设计盲目跟风的现象。目前我国有大量的园林景观设计工作者出国进修，在国外学习先进的西方园林景观设计文化并且推动中国的园林景观设计发展，但由于受到国外的设计观念影响，将西方的哥特式以及欧式的园林景观设计引入到我国的园林景观中，导致我国的园林景观缺乏自身特色。而且在我国有着巨大的传统文化背景前提下，传统特色没有得到足够的开发以及应用，中国的传统文化很难融入实际的园林景观设计中，因此需要在发扬国内的传统文化的园林景观设计同时融合西方的先进园林景观设计技术，推动我国的园林景观设计行业的发展。

（二）园林景观设计专业性不强

我国的园林景观设计从业者除了少部分是园林景观设计师外，其余均为业余的园林工作者或者是植物养护员。因此他们对于园林景观设计了解不多，设计的植物景观专业性不强，甚至出现千篇一律的现象，缺乏设计亮点。同时由于专业知识的缺乏，园林景观设计往往很难适应新的环境，与实际的环境以及气候出现冲突，导致园林景观在设计后适应不了生存环境出现死亡的现象，浪费了园林景观的资源。在实际的园林景观设计中，考虑到园林景观设计的科学性以及专业性，设计者需要具备充足的园林景观设计专业知识，不仅要设计出具有自身特色的园林景观，而且还需要考虑园林景观植物的生存环境、适应气候等问题，多方面结合才能设计出适合的园林景观。

（三）园林景观设计生态环保不到位

园林景观的生态环保问题是园林景观设计者在设计时容易忽略的问题。目前我国部分的园林景观设计由于只考虑实际的美观效果，忽略了生态性，导致在设计园林景观后，整个园林景观的生态系统发生改变，部分植物出现竞争，争夺阳光和空气，导致园林景观生态系统出现不稳定。在实际的园林景观设计中需要考虑实际的生态效益，在保证园林景观设计外观美感的同时考虑到不同物种以及不同植物在时间以及空间上的合理结构。特别是在园林景观的后期维护中，园林景观设计的环保就更加重要，生态到位的园林景观不仅能够节省水资源及空间资源，而且在后期的养护中节省人力物力，比如，在街道道路的园林景观需要采用旱类的植物，在湖景园林景观等采用水生植物为主。结合具体的生态环保进行实际的分析，保证园林景观设计的生态环保性。

二、园林景观设计的要点关键

（一）强化园林景观设计地域特色

随着我国城市化的发展，园林景观也出现多样化的特点，随着园林景观设计的发展，园林景观设计工作者需要考虑自身的城市特色，通过结合不同的城市特色设计出不同类型的园林景观。园林景观设计人员可以对自身城市的文化进行挖掘，将自身城市的文化特点引入到园林景观的设计中去，通过对地域文化的传承以及弘扬，将园林景观设计作为文化传播的关键口，强化园林景观设计的地域特色，打造出具有自身城市特色的园林景观设计。多方面的地域文化融入园林景观中不仅丰富了园林的整体美感，而且能够增加园林景观的文化层次，使得特色化的园林景观设计不仅有利于地域文化之间的交会融合，而且能够推动我国园林景观设计的多样化发展，倡导园林景观的设计地域化，不断创新，将传统文化特色融入现代园林景观设计中，为园林景观的建设提供发展动力。

（二）园林景观设计中视觉效果设计

由于目前我国大部分园林景观处于城市之中，因此考虑园林景观的视觉效果十分有必要。在城市的园林景观中起作用的主要是美化城市环境以及给城市居民带来绿化的感受，同时园林景观设计也是环境设计的学科分支，一个完整的园林景观设计需要将土壤、岩石、植物等多个因素实现有机结合，体现出园林景观设计最好的视觉效果，通过这种视觉信息给人们带来不同的视觉感官效果。城市居民不仅能够感知园林景观的设计带来的视觉冲击，还能给人以美的感受，提升城市居民的生活品质，提升居住的幸福感。园林景观的视觉设计需要整体结合考虑，通过对园林景观植物的安排已经规划排布，对植物以及树木进行整体规划，合理的栽种排布能够保证园林景观的整体视觉效果，在城市中不仅能够起到为居民以绿化美化的效果，还能通过园林景观的设计带来绿色的视觉感官冲击，给人以视觉上的愉悦感受。

（三）科学规划排布园林景观设计

做到园林景观的科学规划排布十分重要。在园林景观设计之初就需要对园林进行科学的布局，首先需要选定合适的园林景观位置，在城市的哪一个区域分布等进行合理的分析，然后再决定园林景观的规模。在完成园林景观初步工作后再从设计风格进行分析，结合城市的特色进行构思设计，既能凸显城市的地域风格，又能体现园林景观设计的文化特色，多方面合理协调统一，不能将园林景观设计从周围的城市规划孤立出来，而需要从规划一致的角度看待园林景观设计，结合城市基础强化政治文化功能。最后对园林景观进行人文开发设计，深度挖掘城市的文化底蕴以及历史沉淀，开发园林景观的人文设计。科学的规划排布能够很好地保证整体的园林景观美感，通过园林景观作为当地城市的文化传播媒介，更好地展示城市的文化以及特色，实现园林景观的多功能开发设计。

总之，园林景观的设计需要园林景观工作者多方面多角度进行分析考虑，在考虑园林景观的外观美感同时顾及不同的文化作用以及生态功能，打造出一个具有城市特色且生态功能齐全的园林景观。

第二节　城市园林景观设计的探索

随着科学技术的进步，在城市规划中，园林景观设计起到了很大的作用，城市经济建设的发展可以带动城市园林景观设计的发展。如何使城市的生活环境变得更好，需要我们把城市规划中的园林景观设计放在第一位。在城市生态系统的构建中，设计园林景观设计可以提高城市民众的生活水平，这对于提高国民生活水平，改善生活环境有很重要的意义。我们用合理的方法，将二者相结合，城市建设就会更好。

由于我国科技的快速发展，城市也在不断进步，城市人口也与日俱增，城市的环境也逐渐变坏，在城市规划中，相关部门就对我们城市环境提出来更高的要求，在其中将园林景观设计理念融入进去，在城市生态环境变好、发展城市特色、市民的生活质量提高方面，有不可缺少的意义。也就是说，我们在城市规划和园林景观设计的相关方面有一定的认识，将园林景观设计在城市规划的作用发挥好，就可以使城市实现更好的发展。

一、城市园林景观设计的作用

景观设计广义上可以囊括所有室外空间的设计，公园、庭院、建筑周边、道路、城市空间等都可以算在内。城市景观园林设计的目的就是给大家营造一种和谐的气氛，使大家在茶余饭后有一个好的游玩休息的场所。

它有以下两个方面的作用：先从精神层次来说，社会意识的形态被可以从城市景观园林设计很好地展现出来，它是艺术方式在空间上的一种表现形式，能让大家的生活更愉悦，生活好、心情好，带来更加丰富多彩的业余生活。人们置身在美景之中，工作和生活的效率都会提高，人们能既能减轻工作、生活的压力，还能有很好的心情去迎接新的生活，在这基础上，一个城市的面貌也能靠城市的园林景观去体现。

在物质这个角度来说，社会环境的好与坏也可以从一个园林景观的表现中看出来，人们在茶余饭后要有一个能够休息的场所，比如说娱乐、游玩等，城市的环境也可以靠园林景观设计来改善，这些都是人们日益增长的生活水平所需要的，它也能造福我们的社会。

设计师们在进行城市景观园林设计时，一定要从当今大家的审美趋势出发，而且还要不断创新，设计出与众不同的、令人陶醉的景观园林，真正达到群众满意、为城市增光添彩的作用。在我国工业化进程快速发展的同时，也就给我们的环境、生态系统带来了很大损伤，环境污染的危害越来越多地被人们所注重，密切关注着如何拯救生态环境、降低污染、净化空气这些核心问题。所以，园林景观设计在各方面起到了很大的作用，在城市的空气质量方面可以有很大的提高，在城市的生态环境方面也能得到极大的改善，还可以在城市居民的健康幸福生活上得到很好的保障。所以城市景观园林设计师要怀着一颗美化环境、保护环境的心，将改革创新进行到底，让园林景观设计为我们的城市环境增光添彩。

二、园林景观设计在城市规划中的合理运用

（一）要将城市规划中的园林景观与经济建设相结合

在经济建设的条件下，需要满足人们物质生活的需要，所以园林景观就需要有一个很好的建设。为了方便人们日常休闲，所以现在越来越重视景观设计，政府也在财政上给予很大的支持，为了换回城市的蓝天，在大型道路旁都种植了很多树木，这样就使道路旁的尾气得到很好的净化，从而提高空气净化效率。还要在工厂附近增加植物种植的比例，形成景观群，尤其在污染大的工厂附近，为了使生态环境得到稳定的保护，在人群多的住宅区域，景观设计应加大力度，保证居住在这些区域的人们可以感受到大自然的清新。例如，江西东鄱阳湖国家湿地公园是集湖泊、河流、草洲、泥滩、

岛屿、泛滥地、池塘等湿地为主体景观，湿地资源丰富、类型众多而极具代表性的纯自然生态的复合型湿地公园。

（二）文物保护区园林建设与文化景观的结合

文物保护区的园林设计与文化景观的结合，要抓住地域的历史文化特色，并且需要迎合时代脉搏，在历史文化公园的建设上进行规划。在人员集中的密度大的区域，加大城市园林植物种植的数量和质量，使人口密度大的区域的人民的健康得到很好的保障，无论是在城市建设还是在园林景观设计、城市规划当中，设计师们都要为城市生活的人民着想，把城市人民对生活的需求摆在第一位置。无论是城市规划还是城市景观建设，首要目的都是提高人们的生活质量和大家对物质生活的生理、心理上的需要。

每一棵大树种植好了以后，我们还需要养护人员进行养护，这样才能达到城市景观设计中科学布局的目的。每一位施工人员都要以认真严谨的工作作风去对待这件事情。

当今在城市园林景观建设中，还运用了高质虚拟现实和互动性技术，因为有了虚拟现实技术的应用，也就是运用运动过程当中的人眼成像规律。这样的技术可以使头部运动特征和人的视线高度等集合在景观环境当中，将他们具体、真实模拟出来，在广场、景观中的民众在园中边游玩边呼吸新鲜的空气，在这个过程中，既能让民众直观地体会模拟虚化园林景观设计的优点，又能身临其境去体验。虚拟现实技术在园林景观设计中进行应用以后，民众在进行观景的同时又可以进行娱乐，实现一体化的休闲娱乐，整体氛围得到提升，市民的生活需要得到了大大的满足。

第三节　建筑设计与园林景观设计

建筑工程的发展越来越智能化、环保化、节能化和生态化。将建筑设计工作与园林景观设计工作相结合能够大幅度提升居住小区的生活品质。我国的景观建筑的设计工作是园林设计工作中一个非常重要的内容，景观建筑设计的特殊性可以成为园林景观设计中的亮点，可以成为整个园林景观中独特的标志。因此，将具有艺术性的人文建筑景观设计成果放置在园林景观设计规划之中可以有效地促进景观与建筑之间的融合，进而实现园林景观设计整体的完整性。本节将全面分析建筑设计与园林景观设计之间的关系，然后探讨两者之间融合的要点。

为了满足人民群众对周边生活环境质量的要求，为了在进行建筑设计的过程中保持整个方案的舒适性、环保性，需要将建筑设计与园林景观设计两者有机融合。建筑设计是园林景观设计中不可或缺的一个环节，园林景观设计是为装饰建筑而存在的。在进行建筑设计的过程中需要综合考虑各种因素以提升空间利用率。对建筑周边环境的空间进行充分的利用不但可以显著提升生活舒适性，还可以对周边的环境设计工作提供优化方案。园林景观与建筑两者都是环境的一部分，应该相互和谐、融合发展。

一、建筑设计与园林景观设计两者之间的关系分析

（一）园林景观设计成果是建筑设计工作重要的体现

建筑设计工作质量能够直接影响环境整体设计质量。为了提升建筑周边环境设计的质量，需要建筑设计人员给予设计工作足够的重视，需要在设计的工程中综合各种影响因素考虑建筑环境空间的利用方式及利用效果，以实现协调建筑物与周边环境之间良好的关系。众所周知，建筑设计工作的主要目的就是通过设计手段实现环境与设计之间良好的统一，并且将人类社会活动产生的科学技术与设计思维合理应用于设计之中，促使建筑设计工作成为科学与技术相互结合的产物。在建筑设计过程中进行园林景观设计不仅可以促使建筑周边环境体现出浓郁的人文风情与地域文化，还可以促使建筑与环境相结合的构造美成为一道美丽的风景线。

（二）建筑设计工作是园林景观设计工作的重要组成部分

园林景观设计工作的主要任务就是对周边景观进行重新的设计与改造。借助绿色景观树木、花草及风景小品的布置来实现园林艺术设计的效果和减少城市规划建设活动对周边环境的影响。园林景观设计人员在进行园林规划设计方案制订的过程中应明确建筑设计工作在景观设计中的重要性，然后积极探索新的设计方式、结合新的设计思路充分地发挥出建筑设计工作在园林景观设计中的作用。设计工作的关键是将建筑设计与园林景观设计相结合，这也是提升建筑周边环境舒适性的重要方式，是提升环境设计艺术性与使用性的重要方式。在园林景观设计过程中需要建筑设计来完善以提升园林景观设计工作的合理性。纵观我国传统建筑设计，古代设计人员均是注重建筑设计与园林景观设计之间的融合，进而达到建筑设计成为园林景观设计工作的组成部分的效果。

（三）建筑设计与园林景观设计两者之间存在一致性

建筑设计工作与园林景观设计工作之间存在一致性，设计人员应在设计的过程中时刻保持两者之间的关系，不得破坏两者之间的平衡与和谐。在我国建筑工程发展历程中所坚持的设计理念均是“以人为本”，通过艺术性的设计方式努力创造舒适的、和谐的环境设计效果。为了达到这一目的就需要在整体设计方案的约束下开展建筑设计与园林景观设计工作。

二、建筑设计与园林景观设计之间的融合要点分析

（一）坚持整体设计的思想

将城市整体规划设计工作视为一个整体，然后在整体规划方案的约束下开展建筑与园林景观设计工作可以提升两者融合设计的效果。设计人员应提前对设计环境进行走访调查，充分了解设计环境的实际情况，然后基于整体设计思想对设计工作进行重新认识，由此避免在设计过程中各类情况的发生。

（二）不断深化景观设计方案

在园林景观设计方案制订的过程中需要对该方案不断优化与更新。在我国大多数城市的城市景观设计过程中建筑设计与园林景观设计之间的和谐性不足，园林景观设计没有满足建设设计对周边环境的要求，建筑设计没有考虑到建筑与园林景观之间的和谐性。因此首先要做的就是对建筑周边园林景观设计方案进行科学的论证，对园林景观的功能性、建设经济性、环境生态性、施工技术性等方面因素进行综合分析，然后深入结合施工区域周边环境的水文地质条件、人文环境等进行综合设计，不断优化与改进设计方案，以实现园林景观设计与建筑设计之间的和谐性，促使园林景观设计效果满足城市整体规划布局的要求。

（三）通过合理运用建筑设计理念提升园林景观设计的深度

由于我国园林景观设计工作发展时间较短，相较于西方发达国家我国的园林景观设计工作尚处于初步阶段，与园林景观设计相关的学科系统建设并不完善，设计人员对园林景观设计工作的理解尚处于表层美化阶段。同时，园林景观设计工作存在严重的抄袭现象，景观设计方案的原创度不够。在园林景观设计的过程中通过合理运用建筑设计理念来提升园林设计的深度是非常必要的，这也是建筑设计与园林景观设计之间的融合。通过使用建筑设计分析、方案决策以及设计的方法来改变园林景观设计平面化的硬性延伸现状，提升园林景观设计的层次感与整体感，促使园林景观与周边建筑及公共设施进行融合。并且将建筑设计理念用于园林景观空间设计之中可以提升园林景观的可动性。例如，建筑是固定的，而景观园林中的水是可动的。园林中的水对建筑进行折射可以拓展人们在景观中的想象空间，进而感受到园林景观设计独特的创意，收获不一样的视觉感受。

（四）建筑细部设计与园林景观设计协调的融合方法

建筑工程细部设计需要从整体出发，对细部进行精细化的设计可以提升建筑整体设计效果。建筑细部设计应体现出建筑物整体的设计风格，应与园林景观设计进行协调融合。通过对国内外优秀的建筑设计方案进行分析可知，优秀的建筑设计方案的细

部设计均与景观设计进行了融合，建筑细部构造与景观始终处于一个相对稳定的系统之中。多个细部设计融合成建筑整体，如果每一个细部设计都与园林景观设计进行了融合，那么建筑物整体与周边的景观就会变得更加协调。

（五）利用建筑设计的思维解决园林景观受限制的问题

在城市生活圈中，建筑与景观的设计工作都会受到限制，例如，建设场地的限制、工程成本的限制等。利用建筑设计思维解决园林景观受限制的问题是一个很好的解决办法，例如，在某些城市夹缝地带园林设计人员无法进行模块化的造景设计。借用建筑设计思维，可以使用彩色喷涂地面的方式对城市建筑高密度夹缝地带的道路进行划分，这样不仅可以消除接缝地带视觉单调的情况，还可以为拓宽城市交通道路、减少绿化工作对道路资源的侵占做出贡献。

建筑设计与园林景观设计之间存在着强烈的关联性。在环境设计阶段设计人员应提前做好设计规划，然后对设计环境周边的实际情况进行调查和分析，明确该区域园林景观设计工作与建筑设计工作之间的关系，促使建筑设计与园林景观设计之间达成一致。此外，还要注重分析建筑设计与园林景观设计的融合技巧，充分挖掘融合措施。

第四节　园林景观设计中的花境设计

花镜是人们依据自然风景中的野生花卉，在林缘地带的自然生长情况，通过艺术手段设计出的自然式画袋，其形象丰满、颜色鲜艳，会给人们留下深刻的印象。在园林景观设计中，花镜是重要的表现方法，注重“虽由人作，宛自天开”的境界。

一、园林景观设计中花镜的设计形式

路缘花境：对于路缘花境需要设置在道路两侧，并选择建筑物、树丛、矮墙、绿篱等作为背景，并且做到前低后高，单面进行观赏，吸引游客的视线。路缘花镜主要选择宿根花卉，搭配一、二年生长花，提高观赏效果。

林缘花境：一般常出现在树林的边缘，将草坪作为前景，然后将灌木、乔木等作为背景。林缘花镜能够使植物配置在竖向上很好的过渡，可以丰富空间的使用情况，也使植物的配置更加有层次性，将自然的美展示出来，使花镜设计的生态价值等得到凸显。

隔离带花境：隔离带花镜主要为了起到隔离的效果，并且同时还具有一定的景观效果，通常在道路附近布置，花镜组团的尺度要比其他形式的花镜大，从而使其满足行人、车辆的观赏需要。隔离带花镜的位置具有一定的特殊性，在后期常使用粗放式的管理方法，在选择植物时也是使用观赏期长、抗逆性强的花卉，从而使花镜的颜色更加明亮、丰富。

岩石花境：人们对高山、岩生植物的生长环境进行模拟，进而设计出的一种形式。岩石花镜常出现在山坡上，从而保证获得充足的光照。利用高度带来的重力效果，保证植物的姿态更加生动、丰富，可以自然下垂，可以随风摆动。植物在坚硬的岩石上生长能够使游客感受到对比的美。

台式花境：对于台式花镜而言，由于场地的限制，可以选择的植物并不多，要将植物种植在木材、石头构成的种植槽中。并结合土壤、温度以及降雨量等使花镜形式得到优化，提高花镜设计的效果。台式花镜规模不大，并且有着独特的风格。

二、园林景观设计中的花境设计

确定平面，完整构图。在花镜设计过程中，需要先确定平面，并保证构图是完整的，需要将植物个体的生物学特点、植物个体与群体间相互作用的生物规律作为基础，从长轴方向形成连续的综合性景观序列。花期不能是同时的，保证游客从春到秋都能够有花观赏，相同季节中要结合植株的颜色、高度、数量以及形态等均匀地布置。相邻花卉之间，其生长的强弱、繁衍的速度等也需要不同，植株要能够共生，保证花镜更加丰盈典雅。植株需要高低错落，开花时不能相互遮挡，保证四季季相变化丰富。花镜中的花卉需要是多年生的宿根、球根，保证花卉多年生长，不需要经常更换，也使养护更加便利，将花卉的特点展现出来。花镜设计者需要对不同花卉的生长习性进行了解，搭配不同种类的花卉，保证花镜的观赏效果更好。对于单面观赏的花镜，其配置植物是要从低到高，形成斜面；对于双面观赏的花镜，需要中间植物高、两边低，形成高低起伏的轮廓，平面轮廓与带状花坛是相似的，植床两侧是平行的直线或曲线，并且要利用矮生植物、常绿木本等进行镶边。花镜植床需要比地面高，主要种植多年生的开花灌木或者生宿根花卉，同时做好排水工作。

植物、色彩的选择与搭配。花镜设计时需要优化植物材料的选择，明确不同植物的生长、抗寒性等，要选择能够在当地露地越冬的多年生花卉，植物要有很强的抗逆性，使用粗放式的管理方法，花期需要长，并且选择的植物要容易成活，有很高的观赏性。植物的搭配上也需要突出空间和立体感，做到层次分明、高低错落、疏密有致，使植物配置更加自然，不能遮挡住人的视线。质地对比要适当地过渡，不需要有太大的对比，将植物的特性差异展现出来，注重植物的观赏以及生态性。此外还需要科学地进行色彩的搭配，结合地理位置、环境以及文化特点等明确主色调，然后再进行其他颜色的搭配。对于颜色问题，可以通过植物的花、叶、果实颜色进行表现，植物的颜色需要与周边环境相适应，不能盲目注重植物种类的多样化，导致色彩混乱，影响观赏的整体效果。

科学进行竖向、平面设计。对于自然式斑块混植的花丛，每组中需要种植 5 到 10 种花卉，并且要对每种花卉集中栽植，每个斑块都是一丛花，斑块可以是大的，也可以是小的，同时结合花色的冷暖等明确斑块的大小。植物的生长情况也是极为重要的，相邻花卉的生长强弱、繁衍速度等需要是相似的，避免设计效果受到影响。花镜的外围要有轮廓，并利用矮栏杆、草坪等对边缘进行点缀。同时设计过程中，花镜内的花卉颜色需要与环境相适应。总之，颜色的选择需要有一定的反差，从而使对比更加鲜明。花镜不能太宽，要做到因地制宜，与背景、道路等形成一定的比例，如果道路比较宽、墙垣比较大，就需要使设计的花镜宽度大一些，注意植株的高度不能超过背景。此外为保证管理、观赏的便利，还需要结合实际情况确定花镜的长度，如果太长需要分段栽植。

注重生长季节变化。园林景观花镜设计中，还需要对不同生长季节的变化、深根与浅根系的搭配提高重视程度。比如牡丹、耧斗菜类都是上半年生长的，到了炎热的夏季其茎叶就会枯萎开始休眠，所以在此过程中需要搭配一些夏秋季节生长茂盛，并且春夏季节又不会对其生长、观赏等产生影响的花卉，比如金光菊等。对于深根系的植物，如石蒜类花卉，其开花时是没有叶子的，但是配合浅根系的茎叶葱、爬景天等就能够获得好的观赏和种植效果。

第五节　园林景观设计的传承与创新

园林景观艺术创造了居住环境中的各种优美风景，我国当前的园林设计发展，除了传承古典园林的设计风格之外，更应该不断创新。本节将针对现代中国园林景观艺术的传承和创新进行分析探讨，有着非常重要的现实意义和潜在价值。

中国古典园林艺术作为世界文化史上的重要遗产和宝藏，同时也是世界历史上伟大的奇迹和瑰宝，被公认为世界各类园林建设中的佼佼者，其地位和重要性不言而喻。园林在设计之初需要考虑很多问题，包括园林设计的意义和与周边自然环境的相互协调呼应，还要更加细致地考虑到园林内部的绿植以及所种植的树种等。园林景观设计的初衷是带给人们置身大自然之感，需要在不断发挥其各种社会以及经济效益的过程中，促进和推动人类与自然环境的和谐相处以及健康可持续的发展。

我国人民的思想境界伴随着国家经济和文化的快速发展不断提升，现代景观设计师将古典景观设计的许多方面作为学习和借鉴的地方。笔者调查研究中国景观设计的现状发现，要想更好地发展和传承景观设计艺术，除了不断借鉴和传承古典园林景观的各种优点之外，不断地创新发展是根本的动力。古典美融入现代的生活环境之中产生奇妙的化学效应，让人耳目一新，产生具有创新性的景观设计艺术形式，是景观设计发展的大势所趋，也会带给人们更好的生活体验，满足更多的环境需求。

一、园林景观设计的传承

（一）天人合一的思想

景观设计更多地强调自然天成，不提倡过于繁杂的人工雕琢和堆砌痕迹。中国古典园林中天人合一思想的渗透和运用造就了园林史的辉煌与璀璨，这种古典艺术被外国学者认为是将空间和时间的选择做到极致，从而使得经济和社会效益达到最大化。这也能够让人类在不过多地破坏自然环境的条件下，做到和自然和谐共处，从而获得安宁和祥和的艺术形式。中国古代天人合一的思想，一方面是中国历史几千年的历程中沉淀出来的智慧和精髓，指导和影响了园林设计的发展。另一方面中国现代的园林设计师们不断地传承和发扬这种思想并将其发扬和完善，将自然界天然存在的各种元素体现在园林景观之中，给人们的精神家园提供了可以休息和缓解的空间，让人们在其中不断地提高自身的精神境界和文化修养。

（二）古典园林的季相之美

一年四季的交替让人们看到山水花鸟各种景物的更替变化，这种美就是季相之美。中国古典的园林景观设计就是将这种美运用到极致的一种表现，通过一年四季变化的过程中，景物的外在变化来表现和衬托变化莫测的空间意境，景物的变化穿插和点缀在整个岁月的流逝中，进而这种千姿百态丰富多彩的季相之美便被完美地呈现在园林景观的设计和表现之中。

二、园林景观设计的创新

（一）广泛吸收现代艺术思潮，努力开拓园林设计思路

人类发展几千年的历史进程中留下的文明瑰宝是民族的重要宝藏，然而随着现代艺术思潮的涌现以及科技日新月异的发展，人们早已不局限于物质享受，思想境界和审美水平都有了全方位的提高和变化。现如今应考虑的是怎样将现代的各种文化艺术广泛应用到景观设计之中，这不但要满足人们正常的审美，还要有很大的时代意义。现代园林景观设计如果做不到对古典艺术的传承和发扬，会造成园林艺术的脱节和欠缺。

（二）重视现代技术在园林景观设计中的应用

现代科学的发展日新月异，新型技术的出现速度更是让人目不暇接，不断地将其应用到风景园林的设计之中，将会提供很多素材和思路，造就不同的风格和特点。新兴技术的发展和应用为园林的设计提供了生命力和灵感，也更新了传统观念，让人们对景观设计有了新的认识和期待。

（三）生态景观理念在园林景观设计中的应用

生态景观设计是对土地以及各种户外空间的不断利用，对整个生态系统的设计和改造，表现出尊重自然、敬畏自然的重要性和重要意义。人们不能毫无章法地改造和利用自然，要做到与自然环境和谐共处，合理保护和节约自然资源，进一步改善人类与自然的关系，维护生态系统的健康与稳定。

随着我国经济发展的增速以及人们生活水平的不断提高，园林设计师在进行园林景观设计时，更多的要考量其中所包含的文化内涵，笔者根据对中国当下园林景观艺术的调查研究发现，景观设计的发展中，继承和创新是不能被忽略的方面，这是园林艺术赖以发展的持久生命力以及重要的组成部分。中国园林景观设计在继承古典园林的各种优点和精华的同时，要不断挖掘和寻找属于自己的独特方面，进行创新研究才能走得更远、更好。同时需要注意的是，在创新的过程中，应借鉴其他优秀的灵感和创意，摒弃不好的方面，使得园林景观的道路走得更加稳健和顺利。

第六节　园林景观设计中的地域文化

园林景观设计是我国城市建设的重要组成部分之一，为了保障这一设计工作的开展成效达到预期，研究了园林景观设计与地域文化的关系，进而在此基础之上分析实际设计过程中，灵活应用地域文化的方法，以期为相关设计人员提供理论上的参考。

随着我国社会的不断发展，人们对居住质量也提出了更高的要求，而对于本节所讨论的问题来说，园林景观的设计和建设则是提升居住环境舒适度、传递当地文化价值的主要途径之一。在这样的背景下，相关单位必须能将园林景观设计工作重视起来，但结合现状来看，为了在规范性和统一性上达到要求，园林景观设计中也存在大量趋同问题，不能充分体现出地域文化特点，如果不能针对这样的状况做出改进，那么园林景观将会失去其自身特点，观赏性大大降低，自然也难以在城市化进程中发挥出预期作用。另一方面，地域文化在园林景观设计中的应用，是保障当地文化得到有效传承并持续发展的关键，若设计人员不能将这两者充分结合起来，那么园林景观就很有可能在功能性上不能达到预期。为了避免此类状况出现，研究城市园林景观设计中地域文化的应用方法非常有必要。

一、园林景观设计与地域文化之间的关系

（一）地域文化是园林景观设计的基础

根据气候、地质、地貌等的不同，各地域在自然特征和人文特征上所表现出的特点也会出现一定差异，对于前者来说，自然特征上的不同会导致人文特征上的差异，例如，盆地地区与平原地区人民在日常生活方式、饮食习惯等方面就存在明显的区别，当这些差异进一步发展，就形成了不同的宗教文化、风土人情。园林景观设计是建立在地域文化的基础之上，不但植物的选取受当地自然特征限制，园林内建筑的设计也应结合当地人文特征。

（二）园林景观设计是地域文化的延伸

随着经济和社会的不断变革，地域间的差异将被不断缩小，而为了更好地凸显特色，园林景观设计过程中，必须有效体现出当地地域文化特点。以苏州园林、皇家园林等为例，这些园林景观内都包含了大量的假山、水池以及植被等，很好地体现出了我国古代所追求的“天人合一”的思想，但对于现代城市的发展来说，这一类园林的建设需要耗费大量人力物力，占地面积相对较大，与我国现阶段的居住需求不符，而如何结合地域文化与现代园林景观设计，并保障地域文化价值，在这一设计过程中的不断传播和延伸则是设计人员需要考量的主要问题。

二、在园林景观中凸显地域文化特色的方法

（一）充分考量当地传统文化

为了保障当地特有的历史人文价值功能，设计人员在设计前充分考量当地传统文化，但同时，为了保障这些内容能在园林景观设计中发挥出自身价值，设计人员应分析如何利用当地历史文化特色构建现代化园林景观。为了达到这样的要求，设计方可以参考以下两点内容：

将文化典故场景化。我国具备非常悠久的发展历史，而对于园林景观设计工作的展开来说，设计人员可以结合当地著名的历史事迹或历史人物完成景观设计，并以场景化的形式展现这些内容。在这样的设计模式下，此类历史事件或人物自然就能通过园林景观得到很好的传播。在实际设计过程中，摆设历史人物雕塑、文化墙等都能达到这样的效果。

灵活利用各类设计图案。图案是传递文化最为直观的符号之一，因此，在园林景观设计过程中，设计人员可以结合当地特有的文化符号、图案等与园林景观，并在此基础上完成设计。以太极八卦图的铺设为例，通过在窗户上、围栏上等位置以镂空的

形式展示太极八卦图，人们在观看过程中，自然能更好地感受到此类图案中所体现出的历史底蕴。

（二）结合地域文化特点完成园林绿化设计

绿化是园林景观的重要组成部分，而为了保障园林绿化设计在改善周边生态环境，同时能达到凸显当地地域文化的目的，设计人员可以参考以下 2 点内容来保障绿化设计与地域文化之间的充分融合：

突出园林设计的地域特色和季节特色。保障园林四季都有不同的可观赏风景是园林绿化设计的目标之一，可以按照地域特色区分不同植物，并按照不同的地域特色分区种植。在这样的设计模式下，不但园林内可以达到四季可观，通过不同特点植物的利用，更好地体现当地地域文化中的自然特色。这一设计方法经常被应用于四合院景观的设置中。

在文化景观中设置各类便民设施。这一点主要是为了保障地域文化园林景观建设自身的可持续性，而为了达到这一目标，设计人员可以利用各类便民设施，如小型广场、幼儿娱乐区、健身场地等划分不同的植被区域，进而在满足周边居民休闲娱乐需求的基础上，达到凸显当地地域文化的目的。

（三）将地域文化融合到现代园林景观设计之中

这一点主要是针对原有园林景观的改造而言。结合上文中的内容，现代园林景观设计，应在延续地域文化的基础上进行创新，以此来确保园林景观设计既能满足周边居民的休闲娱乐需求，又能充分体现出当地地域文化特点。结合这样的要求来说，设计人员可以在实际工作展开过程中，结合以下几点内容实现地域文化与现代园林景观设计之间的充分融合：

在原有建筑的基础上进行改造。各类建筑是园林景观中的重要组成部分，而在对原有景观进行改造的过程中，设计人员可以充分考量园区内现有建筑，尽量保留具备一定地域文化特色的建筑。例如，在改造园林景观中的门楼时，设计人员可以在保留原有门楼结构的基础上，利用青砖贴面的形式来进行翻新，并通过匾额、高门槛等的设置，进一步增加门楼的地域文化特点，最终通过翻新和改造达到原有门楼与园林景观设计之间的融合。

结合当地地域文化特点完成细节设计工作。为了保障园林景观在风格上的统一性，设计人员必须保障园林内的细节都具备一定的地域文化特点。在这样的背景下，设计人员则可以参考当地文化特点等管理职务形象，并在此基础上完成绿化带、水井等的设计，综合利用这些内容为周边居民创造一个完整的园林景观，并通过园林景观传递地域文化。

综上所述，在分析地域文化与园林景观设计之间的关系的基础上，主要通过在设计过程中，充分考量当地传统文化、结合地域文化特点完成园林绿化设计、将地域文化融合到现代园林景观设计中 3 点内容，深入探讨了在园林景观设计中，充分凸显地域文化的途径。在后续发展过程中，相关设计人员及管理单位，必须进一步重视地域文化在园林景观设计中的应用，以此来凸显当地在人文、自然等方面的特点，并通过现代园林景观设计与地域文化之间的融合实现这些文化的不断发展和传承，避免园林景观设计上的同质化，最终达到推动我国城市化进程的目的。

第七节　园艺技术与园林景观设计

园林景观所涉及的范围广泛，并备受人们的关注。在设计阶段，还应随着时代的变化而呈现出不同的发展形势，因此也要求将园艺技术融入园林景观的设计过程之中，与现代社会发展相符合，以达到最佳的效果。

随着我国城镇化和五位一体战略思想理念的深入，人们逐渐开始关注到自身的精神文明建设情况，对于生活的具体环境和实际的居住条件也提出了更高的要求。传统的园林景观设计很难满足人们的要求，所以还需要把现代的园艺技术和景观的设计相互结合，才能够更好地推进城市化发展。

一、园艺工艺以及园林景观设计方面的特点

园艺工艺的主要内容和特点如下：主要包含植物栽植的园艺技术和具有观赏性的园艺技术两种类型。具有观赏类特点的园艺技术主要指的是植物的栽培、养护。在这个行业不断发展的过程中，园艺的具体工艺内容也融入了大众需求这一方面。

园林景观的设计主要内容和特点：这种设计工作就是凭借着自身所具有的地理位置和环境，作为工作开展的基础保障应用其中，所包含的设计工作具体方法，还有相应涉及的技术内容，开展实际工作，这一点与当地的具体环境和地理位置优势，再加上植物的特点都有着直接性的关系，需要把这些内容相互结合，才能够为园林的具体景观创造带来全新的环境和场地。

二、现代园艺技术与园林景观结合的具体策略

（一）园林景观设计的山水元素

在实际的园林景观设计工作开展过程中，所包含山与水元素，是整体设计工作中最为基础性的内容，其在现代园艺技术中的应用，需要保证其景观的设计能够符合园林中山水元素所具有的自然性特点，这也是这一设计工作中的首要法则。一般情况下，

在园林景观实际设计工作开展的前期，还要求相关工作人员明确景观定位，如餐馆类型的、公园类型的或是商务旅行和社区类型的景观，这种定位对于后期的园艺技术施工有着非常重要的影响。

不同的类型在设计过程中所需要的技术也是不一样的，在园林的具体景观设计工作中，为了有效满足其所应用的目标群体，还需在具体的施工阶段通过现代化园艺工作所具有的技术，充分地展现山和水自身所具有的自然元素特点，这样才能够保证园林景观与自然的环境拥有着高度的一致，也能够为游客呈现出返璞归真、融入大自然的心理特点和感受。

在园林设计过程中，其景观需要遵守的原则就是以人为本，例如，在进行商务类型的园林设计过程中，整体的景观需要密切地关注商务的具体布置情况，以及整个布置是否与自然的环境呈现出协调一致的特点，相关的人员应针对内部的具体情况进行分析，找到合理有效的布景和设置方法，更好地满足商务人员在进行活动过程中所提出的园林需求。同时在园林景观设计中，相应的部位可以进行假山的排列，在假山的顶部融入流水孔，这样才能够有高山流水的感觉，也符合商务氛围的营造。

（二）园林景观设计的人文元素

在园林景观设计过程中，人文元素是非常重要的具有辅助性特点的一项内容，人文元素所包含的不仅仅是建筑空间，也有道路、游客可以休息的板凳，甚至垃圾桶。所以针对目前现代社会中所提出的园艺技术内容，在园林景观设计的具体应用中，还需要重点关注园林景观具体空间区域的利用情况，提高有效利用率，进而创建出最新形态的设计方法和思想理念，再运用到道路、板凳以及垃圾桶等设施上，凸显出其自身所具有的实用性和美观性特点，这样才能够符合现代社会发展的需求，也能够让游客在观赏过程中感受到这些设备的实用性和设计人员的用心之处。

在空间的具体设计工作中，也需要有针对性地进行考量，了解现代园艺技术具体落实工作的实际效果，按照相应的条件，合理地进行检查和划分，充分考虑阳光对整个园林景观的照射情况，以及树木和植被对自然条件生长需求的同时，设计出凉亭、走廊、楼阁等供人休息的区域，以体现以人为本的设计理念。

（三）建筑造型的设计

建筑在园林景观中也有着不可忽视的作用，其整体的造型设计也是园艺设计工作过程中所包含的优美景致关键环节，最终设计的结果好坏，直接对整个园林设计的整体效果产生影响。目前，徽派的建筑风格有着较高的应用频率，明清的建筑风格也能够结合古今的特点，所以也倍受建筑师和游客喜欢。这两种建筑风格在其具体的设计方面，有针对性地运用了园艺景致的特点，在设计工作过程中，有效地展现出锦上添花的效果。

建筑物造型设计工作的开展，需重点结合园艺景致的特点，进行建筑物的造型，保证其园艺景观起到增强美感的作用。随着国内市场竞争压力的不断增加，很多企业都开始关注园林工程的具体开展，在商务建筑景观中合理有效地运用商务景观的设计，才能够真正地体现出其所具有的价值和实际应用效果。工作侧重点就在于室内的景观，还有硬性的景观内容，其强调的就是在设计过程中所包含的空间性和立体化的效果，目的也是有效地排解游客在工作过程中所具有的压力和紧张感，避免出现焦躁的情绪，利用优美的景观和绿色的视觉感官，平复游客的心情。

随着我国现代化建设脚步的不断加快，我国的整体国力得到提升。国家对于现代的园林技术有着更加深入的研究，并且逐渐增加了资金投入，随着高科技发展不断成熟，园林景观的设计工作逐渐开始注入新鲜的血液。所以，现代的园艺技术和园林景观之间的结合，也需要专业人员给予大力支持，以促进可持续发展。

第八节　园林景观设计与视觉元素

随着社会经济的快速发展，园林景观建设项目越发增多，景观设计得到了高度重视，实践证明，通过在园林景观设计中加入视觉元素的应用，可以在很大程度上提高其设计效果以及建设水平，使得园林景观建设具备较强的艺术性、技术性。基于此，本文针对园林景观设计中视觉元素的应用进行深入分析，提出一些看法和建议，希望可以给有需人士提供参考。

通过研究园林景观的设计，可以分析出该城市的发展情况，其对于美化城市环境，改善生态环境有着重要作用。近年来我国城市环境不断发生变化，人民对于生活环境的要求越发提高，因此在打造生态型园林景观设计的同时，还要充分重视其观赏性，通过对环境的美化，给人们提供良好的休闲娱乐场所。

一、园林景观设计中视觉元素的应用意义

就人体感官而言，视觉感官最为直接、突出，同时是我们获取信息的主要途径，在视觉作用下和外界接触收集信息，然后指导行为活动的实施，并引起情绪的变化。眼睛是用来接收外界事物的“窗口”，通过视觉、触觉，以及知觉形成了对事物的感觉，这也是从感性认知到理性认知的过渡。外界的色彩、光明等透过视网膜刺激人体的感受，然后通过外观映射到大脑，可以说视觉的作用就是把人体对外界事物产生的第一印象保留下来。由此可见，在设计园林景观的过程中，要重视凸显出环境艺术，通过应用琥珀、植被等视觉符号，给观赏者传递各种信息。

二、园林景观设计存在的问题

目前有些设计师在开展设计工作时，存在刻意模仿的问题，简单说就是把那些成功的案例照搬过来，设计出来的方案只有风格不同，剩下连植被种类的选取都是一样的，根本没有考虑到当地气候、土壤的特性，致使不断降低植物的成活率，加大成本费用的投入，建设效果并不理想。在彰显地方特色方面，在一些南方内陆城市内照搬江浙小桥流水的园林景观设计方案，致使这些园林都是一个样子，缺少新意，引起观赏者的视觉疲劳。其次，出于招揽更多客流量的目的，有些设计方案中提出了大量引进发达国家珍贵稀有的植被品种，斥巨资的同时殊不知外来物种已经严重威胁到本土物种的生存发展，对生态环境造成破坏。最后，就是植物种类单一，并没有展现出生物的多样性特点，也没有对景点内同物种的数量进行管控，导致过多的数量引起审美疲劳。以丹北镇新桥上游路道路景观提升工程为例，其存在的方案设计问题就在于植被稀少缺乏层次性，并不能凸显出本地产业文化氛围。后有关设计人员提出了改进措施：应用乡土树种，科学、合理配置道路绿化，并在其节点处增设文化 LOGO 小品，大幅度改善了建设效果。

三、园林景观设计中视觉元素的应用策略

（一）园林景观设计中点的运用

在自然世界中核心的视觉元素就是“点”，其虽然是物体中的最小单位，可以经过不断的转换就可以变成线、面。在开展设计工作时，设计人员要对视觉元素有着充分的利用，不断丰富园林景观设计内容。通过把“点”放到特定位置，更加容易吸引人们的目光，达到理想设计效果。以神德寺遗址公园景观设计为例，项目位于铜川市耀州区，规划占地面积将近 20hm^2。在进行设计规划时把神德寺塔作为主要点，依托于历史文脉基础，重点突出塔的重要性，神德寺塔也叫宋塔，坐落于耀州城北步寿塬下，作为城内北侧制高点，同时还是要州古城和新城的关联点。因此在公园景观设计中，结合其周边自然资源，遵守生态先行的原则，重点凸显出自然山水风光，通过应用南北高差造成的视觉变化，建设出一条景观主轴线，阶梯式呈现出建筑景观，使其景观空间丰富多样。

（二）园林景观设计中线的运用

在进行设计规划时，通过点的规律连接形成了“线”，线也可以给人带来不一样的视觉效果，通过科学合理的应用线的特点，有利于增强景观建设的美观性。因为有着不同的运用情景，所以必然会产生不同的应用效果，在设计园林景观时，包含了长桥、

长廊、围栏等线元素，因为其具备“直”的特点，所以会给人造成坚毅的视觉感受，凸显严肃性。在设计过程中，通过线的应用，彰显其主体性。其次，还具备多元化特点，搭配方式不同带来的视觉效果也是不一样的。

（三）园林景观设计中面的运用

点线结合就形成了“面”，在园林景观设计中，“面”的应用通常体现在两个方面，即实面和虚面。一般情况下，在建设景观内部的草坪、广场时，应用的是实面；在建设景观内部的湖面、水池时，应用的是虚面。把点、线、面三者放到一起进行比较，带来视觉冲击最强的无疑是面，通过对“面”进行科学合理的使用，可以让园林景观的轮廓凸显更加清晰、丰满，创建出良好的格局。其中，效果较为显著的就是在三维空间中的应用，通过组建不同形状、颜色的面，取得更加理想的视觉效果。

（四）园林景观设计中空间价值的运用

在设计园林景观时，还有一项非常重要的元素，就是空间价值的应用，空间设计凌驾于其他视觉元素的基础上，通过进行科学、合理的搭配，取得不同的空间设计效果。一般情况下，空间设计包括二维空间、三维空间、矛盾空间以及图式空间等等，通过把空间元素进行科学转换、组合、排序，可以大幅度增强其视觉冲击。基于此，设计人员在开展实践工作时，就需要合理掌握空间的变化，充分了解人们对于视觉以及心理冲击方面的感受，致使设计效果具备虚实相生、高低错落的特点。依然以神德寺遗址公园景观设计为例，耀州城四面环山，环抱漆、沮两河，从远处看呈现出舟形，而位于城区北端的神德寺塔就好像是船的桅杆，同时见证了这座城市的不断发展变化。其次，神德寺公园是城市中的制高点，其不单单是彰显城市天际线的核心节点，更是管控城市整体建筑高度、体量的基础依据。

（五）园林景观设计中历史环境、遗迹的应用

在进行园林景观规划时，还应重视科学、合理地使用历史环境以及遗迹，并且保证不会肆意篡改。以杭州西湖西进景区的规划设计为例，其通过自然的景观建设营造出独特的美景，并且还重现历史环境中的古上香水道、杨公堤等等，给景观园林建设锦上添花。再例如西湖的西冷印社，其位于山体陡坡处，距离湖面非常近，并不适合在这里修筑，但是建设成文学爱好者聚会用的山林别墅，则在很大程度上提升了园林的实用性、艺术性。庭院的格式布局整体上看过去就像一枚印章，结构和功能得到有机结合，在精心规划以后，游览线路更加丰富多彩，园林里的门牌、石阶、小桥等建筑物上的题刻生拙古朴，就好像刻章的刀法一样，把印章元素完美融入园林规划里，使得游园就像赏印一样。

（六）植物配置的应用

植物配置要层次分明，以防出现单调的问题。采取花卉、绿草、乔木等不同种类植物进行多样化的艺术搭配，既可以丰富景观内容，还可以增强视觉效果。例如，选择高 10m 的枫树、5m 的桧柏、3m 的红叶李和 1m 的黄杨球进行统一搭配，由高到低进行排列，以此体现层次分明的原则，分层搭配不同的花期，延长了整体园林景观的观赏时间，确保科学、充分利用每一种植物资源，建设具备当地特色的园林景观。

第三章　生态背景下的园林景观规划与设计的基本因素

第一节　现代园林景观规划设计要点分析

通过科学合理的现代园林景观规划设计，可以有效地改善城市生态环境质量，美化环境，为城市居民提供休闲游憩的空间。在现代园林景观规划设计过程中，需要以地域性、以人为本及人与自然和谐统一为具体的设计原则，通过打造出独特的地域风貌，并协调好人与自然的关系，从而将现代园林景观以美的形态展现在人们面前。

一、城市生态环境与现代园林景观规划设计相互作用

放眼宏观视野，从发展的眼光在城市大规划战略中，充分彰显城市的文化内涵，改善城市生态环境，现代园林景观规划设计将发挥尤为重要的作用。因此在现代园林景观规划设计过程中需要加入现代化理念，充分发挥现代园林景观规划与生态环境有效结合，在设计理念上注重景观的实用性和美观性，同时还要通过科学选择树种、花卉对城市生态环境的影响来实现对城市生态建设的有效保护。在实际规划设计过程中，尽可能地使用原有树木、花草和石头等资源，再相应地加入一些元素，因地制宜进行景观设计。同时所选植物尽量选择本土植物，不仅有利于促进城市生态环境的健康发展，而且对城市生态平衡也具有重要的作用。

二、现代园林景观建筑小品的规划设计

园林中的建筑小品以亭、台、楼、榭等为主，主要供游人休息游玩。对于这些建筑小品进行规划设计时，需要做到因地制宜，使其要充分融入周围环境中去。因此需要基于当地环境气候特点来进行建筑小品设计，并使其总体结构依形就势，充分利用自然环境的地况。建筑小品在规划设计时空间结构和布局要力求活泼，合理安排建筑空间结构及组织观景路线。在内外空间过渡之处，需要做好明暗、虚实处理，自然与

人工需要合理过渡。

三、现代园林景观中的生态绿道规划设计

在现代园林景观中进行生态绿道设计需要与当地的地貌特征及道路规划布局、自然及人文特点相结合，全面了解这些因素，并以城市居民的实际需求作为出发点，遵循“以人为本”的设计原则。可以利用绿化带来隔离出部分人行路，并在道路上增加休息设施和服务设施，利用花草树木的形式来对道路小品、标志及创意造型进行布置，在生态绿道规划设计过程中更多体现人文原则及多样化特点，不仅可以美化环境，同时还能够增加现代园林景观的趣味性。另外，在现代园林景观中的园路铺装设计时，需要考虑到路面质感、路面色彩、路面纹理及路面尺度等因素，选择质地优良细致的材料，路面色彩要与景观协调一致，路面铺装时组成的线条和尺寸设计要体现出功能与美观性的和谐统一。

四、园林植物合理配置，提高植物绿量

在园林植物配置过程中，需要使植物随着季节变化而表现出不同的季节特征，随着季节变化园林中的植物色调也循环交替。在具体规划设计时，要求设计者要根据大自然的特征及植物的变化规律，合理进行植物配置，以此来确保生命的不断延续，使园林能够时刻充满生机。在园林空间安排上，植物摆放要能够将园林的整体美观更好地体现出来。由于园林植物绿量直接关系到整个城市的环境质量，特别是在当前城市人均绿地指标相对较低的情况下，需要利用较少的绿地，在植物景观中通过增加更多的绿量来增加光合作用，达到净化空气的目的。因此植物配置时需要增加乔灌木丛及林荫树，同时还要使绿色向立体化扩展，构建多景观的绿色体系。而且在植物景观规划设计过程中，还需要考虑到生物物种的多样性，通过多品种的组合，形成不同类型植物的优缺点互补，提高园林的覆盖率，最大限度地增加园林中的植物绿量。

五、科学规划，体现水景的设计的美感效果

在园林水景规划设计中，一定要科学规划，统筹考虑重点分析和研究水景的特性，然后根据其特性，科学、合理、艺术地利用水景元素，通过对空间的组织、建筑的造型、植物的布局等进行协调、统一，呈现景观的变化，达到移步换景的效果。水景设计要根据水景的种类特点进行，有静水、有动水、有落水、有喷水等多种类型的变化。静水宁静、轻松而且平和，而动水则活泼、激跃、动感。在水景的设计中，可以根据其环境条件，或就地利用，或人工建造，或静或动，或静动结合，体现动态的变化。静水的应用体现在湖泊、水池和水塘等形式上，而动水一般以溪流、水道、水涧、瀑布、

水帘、壁泉以及喷涌的喷泉等形式呈现。可因地制宜进行天然或人工的水景设计，天然水景讲求借景，以观赏为主，现代设计中，人们越来越更易于接受自然的事物，所以在人工水景的设计建设时，一定要与周边环境自然融合，不宜过多地显露出人造痕迹，这样才能更好地将水景的美感呈现出来。

在当前现代园林景观规划设计过程中，设计人员需要通过具体的规划设计来改善人们的居住环境，为市民提供一个整洁、健康的环境。因此在实际规划设计时，需要与城市的特点相结合，以整个城市作为载体来合理地对现代园林景观进行规划设计，实现对城市生态环境的改善和美化，从而为人们提供一个舒适的休闲、娱乐、健身的场所。

第二节　现代园林景观规划设计的发展趋势

随着我国经济的快速发展，城市的建设工作也在紧锣密鼓地进行。其中，城市的现代园林景观规划设计作为城市环境建设的重要内容，对于促进现代文明城市的发展具有重要作用，不仅可以为城市居民提供良好的生活环境，还可以有效改善城市的生态情况。基于此，通过介绍我国现代园林景观规划设计的现状，分析我国现代园林景观规划设计的发展趋势。

广义而言，景观包括视觉上的景色、风景、地理概况等，同时也是人类文化以及精神层面的一种映射。现代园林景观指的是具体的城市植物等所形成的一系列景致，景观的规划设计需要综合考虑社会环境、自然环境以及人文环境，现代园林景观的规划设计自然也不例外。我国经济的快速发展不断加快城市化的进程，同时快速发展的城市也出现了一系列的问题，如热岛效应、城市内涝、交通问题以及人口问题等。因此在城市不断发展的过程中，人们也不断加强对园林的建设，这在一定程度上促进现代园林景观设计的发展。分析城市的具体环境，采用合理科学的规划设计对于提高城市的综合面貌具有重要作用。

一、现代园林景观设计现状

我国的园林城市建设还在初始阶段，城市的快速发展中，相关部门对园林建设的发展有所忽视，导致当前的现代园林景观规划设计出现一定的不和谐问题。主要表现在两个方面：第一，照抄优秀的现代园林景观规划设计，并没有根据当地的具体情况设计更具有地域特色的景观；第二，相关部门的审核标准过于死板，降低了园林设计的多样性特点，使设计过于乏味。

（一）忽视现代园林景观建设的地域性

当前，在我国城市的景观设计或是地产景观设计中，盲目照抄国内外优秀园林设计的情况比比皆是。在设计过程中，对当地的地域特色以及景色的调整不加分析就拿来使用，最终出现的雷同现象过于严重，无论是在风格上还是气候的自然环境上相对于原设计都表现出巨大的拙劣。同时设计的突兀，导致后期的维护增加成本费用。

（二）标准化和批量生产使现代园林景观产品失去个性

现代园林景观规划设计也是景观设计的一种，是一种重要的艺术。对艺术设定一定的标准本身就是对艺术的扼杀，艺术是自由的、多样的、个性的。标准化的景观设计只能在成本上得到很好的控制，但在实现经济效益同时也舍弃了艺术本身的价值，这也是造成众多园林设计出现千篇一律的重要原因。

二、现代园林景观规划设计的发展趋势

尽管我国的现代园林景观设计依然存在一定问题，跟国外的设计还有一定的差距，但随着相关部门对城市现代园林景观规划设计的不断重视，我国的现代园林景观规划设计也呈现出一定的新趋势，这些趋势有更加重视地域特色、控制经济成本的同时使用多样化的设计、注重人文和生态环境、重视我国特色的传统文化传承等。

（一）设计时挖掘地域特色

我国的国土资源丰富、地大物博、幅员辽阔，同时也兼具不同的气候。由于地域以及自然环境的差异导致不同地域呈现不同的审美以及自然景观。因此在不同的地域规划设计现代园林景观时，应对当地的审美、自然景观、气候做出一定的分析研究，并且在设计中坚持就地取材、保持现代园林景观设计中的天然性原则。借鉴优秀的现代园林景观无可非议，但务必要深入地分析所处的环境以及设计的要求与作用，保证现代园林景观设计的科学合理性以及可观赏性。最终设计出的现代园林景观应是在优秀园林设计上的一种创新，同时根据当地的天然景观进行一定的粗加工，充分利用当地的自然资源，同时加入一定的创新元素，保证景观具有鲜明的地域特色。

（二）运用经济性和多样性设计

现代园林景观规划设计本身也是一种艺术，艺术本身就具有一定的差异性，同时具有多样性的特点，这也与人们经济生活水平不断提高有关，尤其随着相关技术不断推进，也应不断向国外的设计学习。现代园林景观规划设计势必会走向多元化、复杂化以及多样化的特点。另外多样化的发展同时也不断使相关的设计人员重视对经济成本的考虑，因此成本也是城市现代园林景观规划设计的一个重要参考指标。设计工作人员应深入研究设计位置的具体要求以及功能，保证艺术品质的同时控制成本，不能盲目追求奢华，

同时后期对现代园林景观的维护工作也是设计工程中需考虑的重要方面。

（三）注重城市人文景观的历史文化传承

城市文化不同城市区分的重要方面，因此城市现代园林景观设计的过程中应注重对城市历史文化的传承。在传统优秀文化的继承基础上还应有所创新，将古文化与现代文化融合，更好地体现城市的文化特色以及发展近况。这些规划设计可以包含在城市的生活学习娱乐以及交通等方面，通过对原有文化景观的整合，通过添加一定的人工后期建筑，增加城市景观的可观赏性。并合理地将人工景观和天然景观配比，体现与传承城市的文化元素。

（四）现代园林景观的人性化设计

城市建设的主体是城市，城市中最重要的元素就是人，因此所有的建设都应该更好地满足人类的需求。因此，将人性化作为重要的标准加入城市现代园林景观的设计中也是一项重要的工作，通过结合自然景观以及人工景观与人类的要求，最终设计出满足人类需求的可观赏性景观，提高人们的城市生活质量。在专业上，设计人员应将整个设计与现代美学、现代心理学、行为学等学科紧密结合，保证景观的规划设计具有更强的生命力。

（五）把握自然规律，重视生态环境平衡

人类的发展必须符合自然规律才能实现可持续性发展，城市现代园林景观的规划设计也不例外。优秀的园林设计工作人员在规划设计现代园林景观之前，会对当地的自然规律以及生态情况进行一定的研究，将绿色环保的理念渗入园林设计，最终完成具有生态内涵的完美设计。简单来说，现代园林景观的人为设计其实就是一种模拟的自然环境，但这个小的自然环境中会有很多来自自然界的生物，因此也必须保证保持一定的生态平衡才能实现长久发展。尊重生态不仅要体现在自然界的景观来源上，还要重视人的作用。人首先是具备自然属性，其次才是社会属性，但快节奏的生活使人们越来越重视社会属性，因此通过优秀的现代园林景观设计也是人类本身的一种自然属性的回归。尊重生态、保护生态的平衡，使人可以和自然更好地相处也是城市现代园林景观设计中的重要方面。通过节约原材料，减少加工，尽可能使用天然的材料，同时通过合理性设计将所用的自然原材料组合摆放，这种设计就是符合自然规律的园林的园林设计，在降低成本的同时还能够保留一种天然的美。

（六）营造纯净空间，注重植物造景

园林造景是人为增加地域景观的一种方式，也是现代园林景观设计中常用的一种方式。乔灌草的设计是传统人为造景的手段，将这种设计加入现代园林景观的设计中，可以在保证平衡自然的基础上增加额外的景观，提高可观赏性。但随着相关园林设计

的进行，这种设计也出现了一定的问题，表现在对原有景观添加的基础上，对空间的层次性造成了一定的破坏。在现在的园林艺术规划设计中，更重视对原有景观的保护，通过细微的改动以及点缀的作用起到锦上添花的作用，更好地保证原有生态的平衡，降低对空间层次的破坏程度，保留最天然的美。因此，现在园林设计将不断突破原有的乔灌草的方式，取而代之的是简洁的植物造景，高效率地利用空间环境。

经济发展带动城市建设，作为城市建设中的重要内容，现代园林景观设计研究对于提高城市面貌以及文化建设都具有重要意义。打造精致的城市现代园林景观规划设计需要分析现有的问题，同时重视规划设计中的重要生态性、文化性以及地域性等原则。提高对园林工作者的培养工作，必要时加强对国外优秀园林设计的借鉴和学习。相信在不久的将来，符合生态发展、体现人文地域文化、具有特色的现代园林景观设计会不断出现在我国的各个角落，促进我国的城市建设。

第三节　现代园林景观规划设计与地域文化

现代园林景观设计规划与地域文化之间的关联是非常紧密的，这主要是由于现代园林景观规划设计必须结合当地气候条件、人文特色，并具有相应区域的时代感，总体来说现代园林景观的规划设计就是感受当地气候、历史、文化的过程。本节通过对地域文化的概念、内容进行阐述，分析了现代园林景观规划设计与地域文化相结合的重要性以及现代园林景观设计规划过程中存在的影响因素，阐述了现代园林景观规划设计工作与相应的地域文化之间的关联性，对园林规划设计中地域文化特性存在的影响进行分析。

城市建设过程中，现代园林景观的规划设计是重要的组成部分，一定程度上来说，现代园林景观是城市结构中不可缺少的一环，其在促进城市生态环境建设，保持生态平衡的问题上发挥了非常重要的作用。而由于各个地区的自然、历史条件的差异，造就了不同的地域文化，在城市现代园林景观规划设计过程中，需要基于各个地域的特征和文化来进行规划设计，才能反映各个地域的人文、历史、社会、自然等特色。

一、地域文化概述

（一）地域文化的概念

一般来说，地域文化是特定区域独具特色，经过长久流传，传承至今仍旧在发挥作用的文化传统，主要表现为特定区域的民俗生态和传统习惯等。其在一定范围中与实际环境是相互融合的，因此，很容易被打上地域的烙印。地域文化的形成是一个长期的过程，一定阶段内是相对稳定的，但是整体来看又是始终在不断发展、变化的。

（二）地域文化的内容

地域文化是人类在历史发展期间，在地理环境的基础上，通过人为活动累积而形成具有地域特色的文化环境。地域文化是一个内涵丰富的概念，其中就包含了现代园林景观规划设计过程中需要关注的内容。不同的地域，在发展过程中会产生不同的历史。在各类历史背景下了解地域文化特征，对地域发展线索进行梳理，了解人文特征的形成与变化，使现代园林景观建设能够与历史、人文资源进行有效融合，将各个地区的民俗风情、人文信仰融入其中，不仅利于现代园林景观能够被人接受，同时还能从显性方面体现和传承地域文化要素。

（三）现代园林景观规划设计与地域文化相结合的重要性

由于各个地域的自然条件、文化特征各不相同，各个区域对于现代园林景观的认识存在较大差异。由于受到地域文化的影响，形成适应当时当地自然、人文特色的景观风格。世界上存在欧洲园林、伊斯兰园林、中国园林这 3 大现代园林景观体系，其中欧洲园林以规则式、恢宏的形式居多，体现一种庄重典雅的气势；伊斯兰园林以十字形庭院、封闭式建筑形式去适应干旱气候的园林形态；中国园林在中华地域文化的熏陶下，本着源于自然、高于自然的有机融合，在园林中赋予美好的诗情画意，融合深邃高雅的意境，体现了中华民族的追求。

二、影响现代园林景观设计规划的因素

（一）地理气候

不同的地域的地理气候会出现不同的植被类型，现代园林景观的绿化设计会受当地植被体系影响，必须选择能够适应当地气候类型的植物进行种植，并且现代园林景观建筑的风格会受到地域文化和地理气候的影响。

（二）地形环境

现代园林景观中的地形是连续的，各个区域的景观虽然会有所分隔，但都是相互联系、相互影响的。因此，现代园林景观规划设计过程中要关注各个区域的地形规划，保证满足园林工程建设的技术要求，还要与周边人文环境融为一体，确保达到良好的自然过渡效果。

（三）精神追求

现代园林景观的规划设计受人们的精神追求影响，这主要受地域精神文化、宗教信仰、艺术浪漫等多种因素影响。最初的田园生活给现代园林景观赋予了一定的精神寄托，将文学艺术中的各种因素与现代园林景观相结合，这种思想对现代园林景观起

到了良好的推动作用。但是当前城市建设发展使得更多的人缺少亲近自然的机会，人们渴望亲近自然，需要通过相应的景观来满足人们的精神追求，因此，现代园林景观规划设计过程中要注重这部分内容的结合。

三、现代园林景观规划设计分析

（一）根据施工环境因地制宜

现代园林景观规划设计期间需要将现代园林景观中的内容、形式进行有效结合。首先，要确定现代园林景观的基本功能、性质，并在此基础上选择相应的建设主题，然后，对其进行扩展、构思。立意要具备民族特色、时代精神、地方本土风格。既要满足文化、商业、休憩等多种功能性，同时还要对城市文化、风貌进行充分表现。在进行规划时，要充分继承传统文化，并有所创新，为人们提供娱乐、交流的场所的同时还要满足不同年龄、不同阶层、不同职业人群的多样化需求。

（二）针对生态环境进行规划设计

现代园林景观规划设计关系到城市生态环境建设，必须针对地域生态环境开展相应工作，现场规划设计过程中，不能只关注园林的景观建设，必须明确了解和认识到植被引入的重要性、安全性。注重现代园林景观对城市生态环境的影响，采取有效措施保护城市环境，尽量选择城市所在地特有或原生植物，从而打造城市特有的景观，建设具备综合文化氛围的城市氛围。

（三）规划设计选择合适的文化主题

现代园林景观规划设计过程中常以多种表现手法来突出其文化主题，并以此为现代园林景观命名。城市发展过程中，不少园林建设由原场地改建、新建两种模式进行，在原有建筑风格的基础上确立现代园林景观的风格，在原建筑风格的基础上进行现代园林景观的规划设计。在规划设计前，设计人员要加强对现场的考察，了解原有建筑风格、形式、历史等内容，对于新建的现代园林景观，其规划设计要注意考虑当地的地势、气候等因素，只有掌握了这些内容才能做好相应的现代园林景观规划设计，确定完善的规划设计主题。

（四）构建灵活、得体的景观体系

从整体到局部来考虑规划设计工作，围绕现代园林景观主题进行布置，充分表现主题，将各个构成要素进行合理处置，使得现代园林景观中的主要部分和辅助部分相互联系，形成统一的整体，从而获取具备特定的美观性。另外，对于各类现代园林景观存在的类型差异、服务差异、功能差异，在现代园林景观规划设计过程中更要注意把握、明确可能出现的特殊情况，使现代园林景观主题与地域文化能够相得益彰。

四、现代园林景观规划设计与地域文化间的关联

（一）现代园林景观设计应重视各地的环境条件

各个地域特征中现代园林景观的地形地貌需要结合地区情况进行规划设计，如丘陵区域保留曲折多变的视觉特征，使用与丘陵景观相互融合的植被进行设计；山地区域保留山体植被，并利用生态手段修复遭到破坏的区域；现代园林景观设计要顺应地势走向，利用已有资源构建开放性空间，善于利用现有资源融合各种文化，进行园林造景。

（二）根据地域历史文化收集景观素材

要想将地域文化在景观设计进行展现，必须根据地域历史文化收集具有代表性的素材，对素材进行选择时，应尽量选择可以应用到现代园林景观规划设计中的素材，并对这些符合的素材进行高效利用。设计人员可以根据具有地域特性的民间文化、名人故事等素材进行规划设计，素材选择的过程本质上就是设计人员整理自身设计思路的过程，这个过程使得设计语言能够更加丰富，大大提升现代园林景观规划创作效率。

（三）结合规划设计思路进行素材整理

现代园林景观设计人员在收集地域文化素材时，遇到的资料大部分都是抽象内容，无法直接应用，可以通过对素材进行整理，对地域文化、历史形成自身的见解、认知，然后将其与规划设计进行结合，形成良好的设计元素，将其通过符号、影像等形式进行转化、展现，从而充分体现出地域文化色彩。这些情况都是在立足于地域文化的基础上，通过对设计元素的提取，从色彩、材质、形式、典故人物、事件、寓意等5个方面进行考虑，通过不断的考察验证，提取价值最高的内容进行归纳、总结，借助具有地域文化特色的方式进行展现。

（四）设计符号象征素材进行应用

现代园林景观规划设计人员在将素材收集、处理、提炼完成后，使用具有代表性的设计符号，应用到规划设计过程中去，才能更好地展示地域文化，这些素材的应用，可以通过相应的设计符号进行呈现，这对现代园林景观规划设计人员的素质提出了更高的要求，需要设计人员在规划设计过程中保留这部分元素的地域文化特色，将这些元素融合到景观规划设计中去，与地域文化之间实现衔接，保留历史传统内涵的前提下，满足现代化现代园林景观需求。通过对素材进行创造、改进，使其各类素材能够更富有表现力和生命力，设计人员通过改造、创新直接或间接运用，将其融入现代园林景观当中，形成统一的整体。

现代园林景观规划设计过程中在关注城市生态系统的同时更要关注其社会价值、

艺术价值，充分提升现代园林景观的社会价值，在改善城市环境的同时提升地域文化水平，紧跟地域特征在时空上的变化，通过不断地探究发现，寻找提升人居环境质量的方式，为改善现代城市综合居住条件奠定坚实基础。

第四节　现代园林景观规划设计的主题与文化

开展现代园林景观建设时，应明确现代园林景观规划设计的主体与文化，将“自然发展”与“人文建设”有机融合成一个整体，营造出符合现代化发展的人文理念与社会氛围。

近年来城市园林建设已经成为现代化发展的重点，受到社会各界的广泛关注。为保证现代园林景观建设符合现代化人们生活、发展的需求，构建景观园林规划主题与文化时，应结合时代发展，从人文精神、生态自然入手，营造出具有时代发展氛围的现代园林景观环境。

一、国外现代园林景观规划设计的主题与文化

（一）日本现代园林景观规划设计的主题与文化

日本现代园林景观规划设计浓缩了自然，将大自然美好静物淋漓尽致地展现在广大市民的面前。日本是一个岛屿国家，其文化特色具有独特的岛国特点，四面环海，给人以独特的开放性与兼容性，该特性在日本景观园林设计中充分展现出来。“茶庭”“枯山水”是日本园林最具代表的两种形式。其中，“茶庭”又称“露地”，该园林形式起源于茶道文化，具有较强使用性与广泛性。“茶庭式”现代园林景观通常是在茶室入口处的一段空间内，依照现代园林景观规划方案，利用植被、怪石铺营造山间意境，例如，铺设“步石”用此象征“山间石径”，栽种“矮松”用此象征“繁茂的森林”，将“蹲踞式洗手钵”设置其中代表“山泉”，并设置灯笼，以此营造出清幽、淡雅、寂静、和谐的气氛，具有较强的禅宗意境氛围。“枯山水”形式的庭园具有较强的日本本土特色，是日本本土缩微形式的现代园林景观。在独特的环境中利用白砂石铺地、叠放怪石，营造出具有独特艺术色彩的日式园林氛围。

（二）美国现代园林景观规划设计的主题与文化

美国现代园林景观规划设计内容具有较强浪漫色彩，给人以大气、磅礴的感觉。纵观美国多年来的历史发展背景，因其不受欧洲封建主义、宗教理念、管理制度的种种束缚，该地区人们思想较为开放，为美国社会、政治、经济、文化等方面的发展具有深远影响，给人以朴实、纯真、自然、充满活力的感觉。在这种自然、开放、自由

的文化氛围的发展下，美国人对自由、和平、浪漫、美好具有一种独特的追求与向往，因此，灌木、草坪、鲜花成为美国景观园林规划设计的主要元素，利用形式各样的灌木、草坪与芬芳艳丽的鲜花，在浪漫、大气、奔放、自由的设计理念引导下，构成美好、生动、甜美、广阔的现代园林景观，使人能够从中体会到快乐与激情、淳朴与自然。因此，美国浪漫主义现代园林景观规划设计理念是受到世界认可的。

（三）英国现代园林景观规划设计的主题与文化

英国现代园林景观规划设计理念往往给人以“世外桃源”的感觉。众所周知，英国工业领域最为发达，在世界上占据领先地位，然而英国人民的思想更倾向于“自然”，对“世外桃源”生活氛围具有一种独特的追求。因此，英国人将“英国即乡村”“乡村即英国”，作为本国发展箴言。英国人对大自然具有一种独特的追求与喜爱，具有较强的人文自然意识，注重环境保护与自然保护。随着社会的不断发展，英国人对天然美的追求在不断加深，英国人在设计现代园林景观时，多利用山川、丘陵、森林、草地，构成独特的世外桃源景色，形成“自然式风景现代园林景观”。“自然式风景现代园林景观”在英国社会发展中的广泛应用，逐渐消除了自然与园林之间的界限，消除人为性艺术，给人以“浑然天成”的艺术境界。喷泉、湖泊、露台、草场、庭院、花园巧妙的构成具有优雅、高贵现代园林景观规划设计氛围。

（四）德国现代园林景观规划设计的主题与文化

德国现代园林景观规划设计主体与文化的主要特征为“精巧细致”。德国是一个富有理性主义色彩的国家，对生态环境表现出极大的尊重，在德国景观园林规划设计中淋漓尽致地展现出德国人民的理性色彩，充分体现出德国人清晰的主体文化观念、严谨的逻辑思维。稳重、内向、深沉是德意志民族的性格特点，在对植物进行搭配时，通常会对植物进行精心、细致的裁剪与修正，利用科学、严谨的设计方案，将植被有序地搭配在一起，使其成为德国现代园林景观规划中不可或缺的重要元素。因此，德国现代园林景观的主体与文化具有较为浓重的人文特色，设计与线条较为突出，将现代园林景观设计成人们的“静思场所”或者是“冥想空间”。

（五）法国现代园林景观规划设计的主题与文化

法国现代园林景观将“庭院花坛”作为规划设计主体与文化。严谨匀称的构图、开阔的视线、恢宏磅礴的气势，利用喷泉、雕像、花坛等装饰物，构成雍容华贵、庄重典雅的现代园林景观特色。法国是一个注重“皇权”的国家，将“皇权至上”作为法国人民信仰的一部分。因此，法国人民在现代园林景观设计规划时，同样将“皇权”思想充分融入其中，开阔的水渠、草坪或者是宽广的大道作为现代园林景观的中心，给人以无穷的向心力与凝聚力，充分彰显出皇权的雍容华贵。

二、中国传统现代园林景观规划设计的主题与文化

中国文化博大精深、源远流长，是东方现代园林景观的发源地，凝聚着五千年劳动人民的智慧。中国文化因受历史发展背景的影响，不同时期的现代园林景观具有不同的文化特色。“囿”是中国传统现代园林景观萌芽形态；秦汉时期传统园林形态从“囿”发展到“苑”；受文人墨客的影响中国传统园林形态发展到魏晋六朝时期自然山水园林成为现代园林景观的主宰；唐宋的诗词发展到顶峰，其文学理念不断深入到现代园林景观建设之中，最终“文人园林”成为唐宋时期景观园林规划设计的主体与文化理念；不同时期的现代园林景观均受当时社会、政治、文化发展的影响，明清时期小说最为盛行，因此，清朝发展时期景观园林规划设计文化理念中不断渗透“移山缩地”理念，“写意园林”最终成为当时现代园林景观规划设计的主题。然而，无论历史怎样发展，“崇尚自然”“师法自然”一直以来均是中国传统现代园林景观规划设计时所遵循的基本原则。受“自然”文化的影响，中国传统现代园林景观规划设计时，通常是在有限的时间、空间内，最大限度上借用所在地区能够利用的自然资源，并通过各种手段，对自然景观进行模拟、提炼，将“自然美”与“人文美”有机地融为一体，达到“天人合一”的效果。幽静空远、浑然天成、水墨山水是中国传统园林规划设计的文化特色，强调“造园之始、意在笔先”，将诗情画意融入现代园林景观的建设之中，达到寄情于景、情景交融的意境效果，突出高雅、闲适的意境氛围。在景观园林设计中梅、兰、竹、菊、松、柏、荷与奇山、怪石、泉水遥相呼应，达到渲染气氛、烘托人物心情的效果，展现古代人们的高尚情操，以及对美好事物的向往。

三、现代园林景观规划设计的主题与文化

随着社会的不断发展，中西方文化不断交融，景观园林设计也得到新的发展与突破，形成具有现代特色、时代精神的现代园林景观规划设计主题与文化。现代园林景观发展中继承并发扬传统文化精髓，并将环境保护理念、自然节约理念、可持续发展理念等具有新时代发展化的理念融入景观园林建设之中，融入“人文主义精神”，构建人与自然和谐发展的新局面。因此，现代化现代园林景观规划设计时应突出人性化，将“以人为本”发展理念深入其中，注重人与自然的和谐相处；注重多样化，将先进的科学技术、设计理念融入景观园林设计中，使现代化景观园林建设达到与时俱进、开拓创新；突出自然精神，设计现代园林景观规划方案时应遵循尊重自然、保护自然的原则，展现自然化艺术特色。

随着社会的不断发展，人们对生活质量要求日益提升，注重城市规划，搞好现代园林景观建设，是 21 世纪城市化建设与发展的重点。

第五节　生态现代园林景观规划设计

生态现代园林景观规划设计，主要研究人类聚居环境中的现代园林景观规划设计，通过生态学理论基础和原则的阐述，对生态理念下现代园林景观规划构成要素进行梳理整合，力求使人居环境在兼具审美价值、使用功能的同时，真正实现自然资源合理利用，以人为本，保证人居环境的生态可持续性发展。本节主要针对在生态理念支持下的现代园林景观规划设计的研究。

一、当前现代园林景观规划设计存在的问题

美国当代风景园林大师西蒙兹曾说过，“景观设计师的终生目标和工作就是帮助人类，使人、建筑物、社区、城市以及他们的生活——同生活的地球和谐相处。”自 20 世纪 70 年代，联合国教科文组织发起“人与生物圈计划”开始，人们对生态环境的探索之路就未曾停止过，力求实现自然与人之间的和谐、永续的发展目标。我国的现代园林景观设计是较为新兴的行业，其产生背景是在古老传统的造园学和西方现代景观专业的冲击下形成的，特点是起步晚而发展迅速。由于技术、经验、理念等因素的影响，在行业快速发展的过程中存在一定的问题。比如，许多城市户外空间的休闲广场，现代园林景观成为艺术品摆设；草坪多半不允许进入；树荫少、座椅少的现象屡见不鲜；交通围合成的广场其可达性几乎为零等问题，这些都让户外空间环境失去了亲切感和舒适感。此外，还有些设计师在进行现代园林景观规划设计时，过于沉迷各种意向图片，将自己或别人已有的设计成果重组成为新的设计成果，这些发展中存在的各种问题，使得现代园林景观规划设计和本土生态环境、地方文脉缺乏联系，同时也背离了人与环境、生态现代园林景观规划设计的理论基础。

（一）生态现代园林景观规划概念

生态学（Ecology）一词源于希腊文“Oikos”，原意为房子、住所、家务或生活所在地，“Ecology”原意为生物生存环境科学。生态学就是研究生物和人及自然环境的生态结构、相互作用关系，是多学科交叉的科学。生态现代园林景观规划指以整个现代园林景观规划为对象，以生态学理论为指导，运用生态系统原理和方法，所营造的园林绿地系统。主要研究景观规划结构和功能、景观动态变化以及相互作用原理、景观地域审美格局，合理利用和保护环境资源等内容。

（二）生态现代园林景观规划基本原则

可持续性原则。自然优先是生态现代园林景观规划的重要原则之一，资源的永续

利用是关键。自然环境是人类赖以生存和发展的基础，其地形地貌、河流湖泊、绿化植被、生物的多样性等要素构成现代园林景观的宝贵资源，要实现人工环境与自然环境和谐共生的目的，必须树立可持续性设计的价值观。

地方性原则。通过对基地以其周围环境中植被状况和自然史的调查研究，使设计切实符合当地的自然条件，尊重并强化当地自然景观特征和生态功能特征。不仅有助于特色的保持与创造，而且从更高层次提出对自然资源的保护和利用。

（三）生态现代园林景观规划构成要素

①地形地貌。自然地形地貌决定了某个区域的自然、经济、文化属性，从而形成了不同的规划设计诉求。高山、平原、沟壑、河谷等地形地貌既有表达出环境特征，也体现其美学价值。因此，在充分挖掘利用地形优势，因地制宜，并通过改造、遮蔽、借景等手法，规划出最适宜的空间结构。②气候。通过设计的选址和场地的规划设计，来创造适宜的气候是生态现代园林景观规划的主要任务和目标。对气候的营造大致可遵循以下几点原则：提供直接的庇护构筑物以抵抗太阳辐射、降雨、飓风、寒冷；在区域内引入水体，通过水分蒸发形成制冷的微气候效果；植被具有气候调节的用途，如林荫树和吸收热量的植被。尽量保护现存植被，或者在需要的地方增加植被的运用。③水体。自然水体不仅给人各种感官的享受，同时也往往是区域内景观设计的精华所在（如溪水、泉水、河流、湖泊等），“亲水性”使得滨水空间成为极具人气的景观。因此，应加强关注水资源的保护和管理，如河流水体堤岸的生态功能设计，避免混凝土或砌石陡岸，维系好水体与陆地之间的物种连续性；尽量使用自然排水引导地表面径流；利用生态方法设计湿地净水系统，提升水体的自净能力等。力求达到水环境的生态功能与景观审美享受并重的目的。④植物。从景观生态的角度出发，强调植物要素，能达到整体优化的效果。通过加强园林生态系统的绿色基质，充分考虑植物系统的丰富多样化，可形成自然生态系统的自稳性、独特性和维持投入低成本的特点。同时，植物要素多样性也是生物多样性得以保持和延续的基础。

二、生态现代园林景观规划设计发展构想

（一）尊重自然，协调物种关系

从尊重自然演化过程的角度进行设计实践，是生态现代园林景观规划的核心内容。如对区域地形地貌格局的连续性、完整性的保持和复原；发挥水体沿岸带的过滤、拦截的作用，并种植对污染物有分解吸收能力的水生植物来增强水体自净能力；强调乡土树种和植被的合理运用，保护和建立多样化的乡土生境系统。

（二）以人为本，关注人文生态

现代景观规划设计理论家 Eckbo 认为：“人”作为现代园林景观中根本要素，所有的景观规划设计都应以人为本，为“人”服务。生态规划的目标就是要实现人与自然的和谐相处：一方面，面对自然生态的外部世界，运用生态手段，来满足人在环境中的存在与发展需求；而另一重要的方面，即人文生态系统，指社会环境和文化环境层面。各种社会文化要素间是相互作用、不断流变的动态复合系统。在现代园林景观规划设计中，人文生态能有效促进社会全面发展，有利于打造区域文化内涵，提高经济效益、凸显地域特色和魅力。

（三）技术支持，科学造景

运用新技术，循环使用能源，努力做到节能环保。综合遥感技术（Remote sensing，RS）、地理信息系统（Geography informationsystems，GIS）和全球定位系统（Global positioning systems，GPS）简称“3S”技术，运用前景广阔。通过客观数据的量化和比对分析，能为传统的规划方法提供更科学的依据。通过技术手段，把人类生存环境真正变成一种开放、自由、有序的理想空间。

生态现代园林景观规划设计的核心就是要实现人与自然、社会的可持续发展，关注人类聚居环境，要求我们从生态、永续的角度出发，以满足人类生活、经济发展、环境健康、资源可循环为目标，将生态现代园林景观规划的设计理念为人类创造出稳定、健康、可持续的生活环境。

第六节　现代园林景观规划设计中地形的合理利用

在当代的社会建设中，园林规划设计是一项重点内容，其设计效果影响着社会建设的美学效果，从而有利于满足人们对高品质生活质量与精神享受的需求。因此，园林设计人员必须不断提高现代园林景观的设计水平，而地形的合理利用则是基础工作。本节将浅谈地形在现代园林景观设计中的合理应用。

在现代园林景观规划设计中，涉及诸多元素的利用，如地形、植被、建筑、道路、景石、附属景观等，其中地形的合理利用与否直接关系到现代园林景观的整体规划设计效果。设计者利用不同的地形规划园林的空间布局，满足园林整体景观设计对协调性、艺术性与美的要求。

一、现代园林景观规划设计中地形的作用

（一）骨架作用

地形作为现代园林景观设计中最基础的部分，为其他景观的设计提供依托与背景，所以地形对现代园林景观来说是其骨架，影响着整体的构造效果。在设计过程中，会利用当地自然地形，尽量保证现代园林景观的自然性。同时，也会根据具体的需求塑造新的骨架，提高设计的整体效果，合理发挥其骨架作用。

（二）空间构造作用

利用地形的大小、形状、高低起伏等起到切割整体景观的作用。一方面，利用地形的多样性构造不同的景观，可有效增加现代园林景观的丰富性；另一方面，利用地形不同的高低起伏幅度，将园林划分为不同的空间，达到切割空间的目的，有利于增加园林空间的层次性。在依据地形进行空间设计时，要保证整体效果、符合时代发展的自然规律，凸显当地的地域特色。

（三）景观作用

地形在现代园林景观设计中的景观作用有两种：①为现代园林景观提供整体背影景观的作用，利用地形为其他每个可独立存在的景观提供背景依托。②自身的景观作用，通过组合应有不同的地形，达到不同的景观效果。现代园林景观的空间设计也是园林的一项景观，而地形刚好具备分隔空间的作用，因此，地形也具备景观作用。

（四）环境作用

地形的相应改造有利于促进局部环境的改变。通过改变局部地形有利于净化当地的空气，改善当地的水土条件。同时，有利于改善周围的采光、通风等情况。在依据地形选择合适的植被时，有助于增加植被选择多样性，起到改善环境的作用。

二、现代园林景观规划设计中地形利用原则

（一）因地制宜原则

因地制宜的原则，要求设计人员根据当地的自然地势开展各项工作，以自然地形为基础。这一原则最常规的应用方法就是依高堆山、依低挖湖或在原有的基础上平整地势。合理应用原有地形，科学合理地规划设计地形，既提高了园林整体景观的协调性，也降低了园林建造的经济成本。

（二）协调性原则

协调性原则是在进行地形设计的同时，考虑到与其他景观的协调性，地形的种类

虽多，但地形无论高低起伏其整体连续。不同地区的景观的建造具有较强的独立性与随机性，导致整体景观失调，从而影响景观规划设计的最终结果。因此，为提高地形利用的协调性，必须考虑地形与其他景观之间的关系，促进彼此间的协调发展。地形与园林道路设计间的关系要求道路依据地形设计，保证园路的蜿蜒盘旋以营造峰回路转的意境。地形与建筑的关系应保证建筑既不破坏当地整体地形，又可协调全园的景观。通常依托地势设置建筑的位置都会保证远看时有若隐若现的感觉。地形与植被的关系影响植被的选择，根据地形的高度与采光性，选择合适的植被种类，营造出自然的感觉。地形与景石的关系，在合适的位置放置景石以达到点缀景观的作用。地形与水景的关系，依据地势建设水景，如依低挖湖、建设喷泉等。山水相依是现代园林景观设计的重点内容，便于增加景观协调性。地形与附属景观的关系，如依据地形走势构建出相应的图案，如许多园林利用走势与灯光的配合勾勒出龙或凤的图形。

（三）艺术性原则

艺术性原则是要求在现代园林景观规划设计时，注意设计的艺术效果。首先，从整体上来看，必须保证依托地势建立的景观具有一定的规则性，如植被的种植由低到高，植被种植密度与种植方式的选择。通常采用不对称原则，以保证现代园林景观具有极强的自然性。其次，要注意保证植物四季交替影响下植物的选择与更换，以保证景物的丰富性。最后，在考虑整体地势及环境的基础上选择不同颜色、气味等植被进行组合应用，以提高设计效果的艺术性。

三、现代园林景观规划设计中地形类型及合理利用方式

（一）平地

即坡度较缓的地形，这种地形可给人一种开阔、自由的感觉。同时平地的应用较多，可对其进行各种科学合理的改造，且平地的施工成本较低，工期较短，进而有利于节约成本。同时平地在现代园林景观中的应用有利于为游览者提供多种活动的举办场所，为其带来更多的便利。

（二）坡地

利用坡地可适当增加现代园林景观的层次感，利于对现代园林景观进行空间化的规划设计。首先，利用坡地可增加凉亭等建筑的设计。其次，利用地形的高低变化增加道路蜿蜒起伏的设计感。还可以利用地形的坡度变化对所选的植物进行相应的组合设计，以达到不同的艺术效果，进而增强设计美感。

（三）塑造地形

（1）塑造地形的好处。塑造地形除了具备原有地形合理利用的好处外，对其优点

有一定的优化作用，同时还具备自身的优点。在现代园林景观的规划设计中塑造地形，有利于通过塑造原有地形，使其更符合园林设计的效果要求，有利于进一步提升现代园林景观协调性。同时，通过塑造地形有利于更好地规划园林的空间，增强园林的空间感、层次感。此外，通过塑造地形可在原本的地形上进行相反的效果设计，增加园林设计的突兀性，以达到不一样的艺术效果。

对地形以不同的手法进行塑造，也可达到不一样的设计效果。如采用细腻的塑造手法，可突出地势塑造真实性，给人以身临其境的感觉。如对山林、湖泊的塑造，使其设计的结果更精细，给人一种山水精华浓缩于此的感觉。另外，还可用较为粗犷的方式塑造地形，以达到意象神似而形不似的艺术效果。

（2）类型及应用。塑造地形可分为以下 3 类，其应用也各不相同：一是自然式，主要有土丘式与沟壑式。土丘式高度多为 4m，坡度在 10%，多用于大面积园林中。在塑造的同时要注意高度与坡面的关系，以避免滑坡等现象的发生。沟壑式高度多为 10m，坡度在 14%，多用于假山建设。二是规则式，主要有平面式、斜坡式等。平面式是园林绿化中最常见的一种塑造地形的方式，这种方式就是平整绿化用地，保证绿化工作从设计到施工再到养护的各项工作都能顺利进行。斜坡式是在原有的地形基础上增加坡度，以达到设计的目的。三是特殊条件下的塑造方式即沉床式。这种沉床式塑造地形的方法就是降低原有地形的高程，避免影响周围的建筑。这种塑造地形的方式多用于立地条件较特殊的园林建造中，或用于城市中交通发达地区的大型园林绿化中，使园林绿化的地形符合交通建设的需求。

地形的利用是否合理影响着园林整体规划效果，在现代园林景观规划设计过程中，必须依据当地原有的地形进行规划利用，使其保证设计的整体性与协调性。同时在地形利用与地形塑造的过程中必须遵循相应的原则，合理利用地形，提升现代园林景观艺术感。

第七节　美学原理与现代园林景观规划设计的结合

在社会经济和科学技术不断发展的过程中，人们的生活水平和质量有了很大提高，在此条件下，人们的精神追求与理解发生了较大变化。这对现代园林景观规划设计提出了更高要求，促使其进行相应改变和创新，使相关设计人员对现代园林景观设计的美感更加重视。在本节中，分析了现代园林景观规划设计中所蕴含的美学原理，并且研究了美学原理在现代园林景观规划设计中的实际应用。

在现代园林景观规划设计中，美学原理发挥着非常突出的作用。现代园林景观的设计需要对每一个感官进行充分调动，要实现现代园林景观设计的新突破，必须将美学原理和现代园林景观规划设计相结合。

一、美学原理和现代园林景观规划设计之间的关系

在目前的现代园林景观规划设计中，美学原理融入其中所占的比重越来越大。在美学原理中涉及了较多现代园林景观规划设计中所需要的知识。对于通过现代园林景观规划体现其整齐性和通过植物搭配衬托园林营造整体效果以及实现整体意境美等，都对美学原理的融入有着比较大的需求，通过美学原理的融入对以上内容进行相应体现。正是因为如此，对于美学原理来说，同现代园林景观规划设计之间的关系是非常密切的，必须将美学原理更好融入现代园林景观规划设计中，由此对现代园林景观规划的高水准进行有效体现。

二、现代园林景观规划设计中美学原理的体现

（1）在现代园林景观规划设计中，对对比衬托手段进行充分应用，这对美学原理进行了有效体现。对比和衬托在现代园林景观中主要体现在两个方面，其一，从颜色方面对植物进行相应安排和设计，其二，通过对其外观的观察与对照进行安排。该表现形式有其特征，一方面是统一的，另一方面又是矛盾的，其主次关系非常鲜明。

（2）呈现出组合美。这种美感所指的是，当处于同一个现代园林景观里的时候，对多种植物有着重要要求，共同构成一幅画面，并且具备较强的美感。在植物没有较为丰富的时候，其单薄性是比较突出的，当植物太多的时候，又会显得杂乱无章，在此情况下对其进行组合，需要保证其科学性与合理性，在对多种植物进行应用的条件下对其进行有序排列，保证其规则性，通过这种状态对组合效果进行呈现。

（3）在现代园林景观规划设计中对意境美进行相应体现。从现代园林景观规划设计的角度来说，其有着最高追求，主要是对意境美的追求，并且有其具体表现，主要表现在两个方面，一个是整体环境，另一个是氛围营造。当完成现代园林景观的设计之后，其主要的作用是为人所观赏，所以，对美感有着比较大的需求。在进行设计的过程中，需要充分应用景物，塑造美感，并且需要对园林设计本身的真情实感进行应用，由此实现对园林的全身心情感投入。

三、美学原理在现代园林景观规划设计中的实际应用

（1）充分应用对比衬托原理。在开展现代园林景观规划设计的过程中，对比衬托这种美学手段的应用频率是比较高的。在对对比衬托手段进行应用的过程中，能够使其作用得到充分发挥，由此完成现代园林景观中的相关工作，主要包括景物配置的疏密程度等，在开展该项比较的过程中，可以明确现代园林景观设计的重点，并且体现

出主次关系。主次关系主要体现在两个方面，分别是景物背景、主体关系，可以发挥出重要作用，激发人们的审美情绪。在开展现代园林景观规划设计的过程中，对多方面的设计都有着较为明确的数据要求，主要包括景物、路面等。将此要求作为重要依据开展对比设计，通常情况下，可以同人们对于审美的要求相符合 [3]。

（2）现代园林景观设计中组合美的应用。在现代园林景观规划设计中，组合美的应用有其具体体现，主要体现在通过多种植物进行有机排列，使其组成一幅自然生态图。框镜和借景等都是在现代园林景观设计中经常运用到的手段，由此对美感进行相应体现，通过运用这些手段来分割园林本身，营造出一种步移景异的效果。除此之外，在现代园林景观之中应该实现借景。

（3）现代园林景观规划设计中意境美的应用。在园林规划设计之中，要对意境美进行体现，需要对园林整体美感进行有效把握，由此实现对园林整体环境的衬托。对于意境美来说，其主要承担对象是欣赏者，因此，需要将相关具体原则作为重要依据，对意境景观进行全面打造。比如，座椅建设有着明确的数据要求，通常情况下，其高度是 38 ~ 40 厘米，宽是 40 ~ 45 厘米，单人座椅的长度是 60 厘米，双人座椅的长度是 120 厘米。因此，对意境美的体现，需要将欣赏者欣赏场所的打造作为重要基础。然后，意境美的打造需要进行相应拓展，不能将其局限在某一景物之上，需要明确意境美是需要欣赏者用心感受的。

从现代园林景观设计者的角度来说，需要对自身的创新意识和创造能力进行有效提升，站在观赏者的角度进行思维创造。现代园林景观意境美是无形的、无限的，但是又能够让其欣赏者所尽情想象的，对于这些内容，相关园林设计人员需要对其进行全面考虑。因此，要实现意境美的营造，必须对大众的审美理解进行充分考虑，必须对同大众口味相符的景观进行设计。

通过对美学原理和现代园林景观规划设计结合的研究，从中发现，对于未来景观设计来说，美学原理和现代园林景观规划设计的结合在其设计过程中占据着重要位置，是其必要的规律。在将美学原理融入其中之后，能够为原理景观设计提出更多可行性建议，与此同时，能够同人们对于美的追求更好适应，并且与人们不断增长的精神需求和审美水准相符。因此，在现代园林景观规划设计的过程中，美学原理占据着重要位置，使其指导理论，可以对园林设计行业的发展有效推进，在现代园林景观打造中做出更大贡献。

第四章　生态背景下园林景观规划

第一节　园林景观规划的文化和主题

园林景观是城市建设的一个重要组成部分，在满足人们生活需求的同时，凸显了城市的文化与内涵。园林景观为人们生活、娱乐休息提供了一个场所。园林景观规划要加强文化和主体的应用，更好地体现园林景观的美。当前园林景观建设过程中对文化和主题的应用存在着一定的问题，需要我们采取有效的措施加以应对，本节对此进行论述。

一、园林规划中应用主题和文化的意义

（一）自然景观与人文特征相融合

现代园林规划过程中对文化和主题的规划能够推动园林自然景观与人文特征的有机结合，从而更好地满足人们审美的需求，能够更好地彰显园林景观的独特之美。园林景观加强文化和主题的应用，一方面丰富园林的内涵，提高园林的审美性，使得园林景观更加多样化；另一方面通过文化和主题的应用，帮助园林更好地展示独特美，从而凸显园林的特殊性，提高园林的审美。一些园林在主题和文化应用的过程中，将中西方因素相融合，不仅突出时代文化，还能够更好地吸引观赏者，推动园林景观价值的实现。

（二）促进园林景观发展

在园林景观设计的过程中，将文化和主体应用，能够有效地促进园林景观设计快速发展，将时代性、地方性的独特文化充分展示在园林景观之中，从而愉悦欣赏者，更好地促进园林景观事业的发展。园林景观的设计，一是能够通过园林景观凸显的文化和主题激发观赏者的想象力，渗透出对观赏者潜移默化的教育。二是激发观赏者欣赏园林景观，发挥园林景观的作用，还能够推动园林景观设计的多样性，推动园林景观的发展。三是在现有园林景观主题的基础上，不断通过设计升华景观，营造更好的

主体，推动园林景观设计更加独特化，促进园林景观快速发展。

二、当前园林景观主题和文化应用存在的问题

（一）过于关注表面，忽略了内涵文化

园林景观设计是为了美，因此在园林景观设计过程中对园林内的每一物的设计和布置都需要经过规划设计才能够开展，尤其是城市中的园林景观，其设计要切实符合城市发展要求，做到与城市文化相融合。但在这个过程中，园林景观设计往往断章取义，只关注到了外在的美能够与城市发展、规划等融合，过度关注了外在美，忽略了内在主题和文化的设计，因此这些园林景观只能被称为景色较美的地方，难以起到净化心灵的作用，往往难以给人留下深刻的印象。

（二）文化与主题与园林环境未能有效融合

园林景观设计之前应当做好选题，选择合适的文化和主题，从而统一设计与建设，这样才能确保园林景观体现出主题与文化。但是，当前的园林景观设计过程中，往往忽略了主题与文化与园林环境的融合，导致了主题与文化要么未能充分展现，要么与环境显得格格不入。园林景观与主题文化未能有效结合使得整体环境不和谐。

（三）主题过多，整体杂而乱

园林景观在设计与规划过程中，为了凸显园林景观的文化内涵，需要对园林景观设计一些主题，与园林景观相协调。但在实际建设过程中，为了起到移步换景的效果，设计中往往会引入不同的主题来设计园林景观，这就导致整体景观较为混乱，无法展现核心主题，让整个环境变得杂乱无章，缺少真正的美感。

三、园林景观规划中文化和主体应用的策略

（一）因地制宜开展园林建设

因地制宜是我们开展各项工作都需要遵循的基本准则，园林景观设计也是如此。在园林景观设计过程中，要根据自然条件的设计情况以及规划的园林景观设计目标来进行综合性的分析，推动二者自然环境与园林景观设计工作能够实现和谐统一的效果。园林景观规划的过程，一方面是构思园林艺术的过程，另一方面也是实现园林景观设计内容与形式相统一的过程。在开展园林景观设计工作前，我们首先需要对园林的性质以及功能进行定位，从而明确设计的主题，根据设定的主题对园林景观开展构思工作。主题确定过程中，一是要考虑园林景观的地理位置、自然环境，二是要符合民族文化特色、城市建筑风格，实现整体环境的和谐统一。例如，我们对城市广场的设计，城市广场作为满足城市发展需要、展示城市风貌的场所，其承担休闲、文化、商业等

多种功能，是城市的名片，展示城市的文化特色，因此我们在建设过程中，要坚持创新，既要符合城市的主题风格，关注与传统，又要符合时代发展的趋势，加强创新。而游园则不同，游园建设的目的是为人们提供休闲休憩的场所，因此在游园主题和文化的设计中，就要综合考虑各年龄段的审美，适合各种各样身份的人，贯彻以人为本的理念来开展设计与建设工作。

（二）统筹全局，实现整体与部分的统一

园林设计过程中一定要关注整体环境的和谐统一，因此在建设过程中一定要对全局进行统筹，让局部景观的建设符合整体环境的风格，实现整体与部分的统一。在园林设计过程中，要确定一个中心主题，在对各种文化景观进行建设过程中要切实符合中西思想的要求，实现部分促进整体、整体依托部分的发展。例如，我们在规划假山瀑布时，对于假山也注意高低起伏、有曲折、有迂回，体现出假山的特色，对于瀑布也要设计好水流路径，同时要使瀑布与假山二者相融合统一。

（三）坚持古今结合、中外结合

伴随着改革开放，我国与世界接轨越来越紧密，经济发展也越来越好，在全球化的背景下，文化开始了交流与碰撞，在园林景观设计过程中，我们可以借鉴西方园林设计中好的思路与做法，并与我国传统的优秀的园林设计方法相融合，在中西结合过程中推动园林景观设计更出众。做好古今融合、今外融合，真正做到将园林景观设计面向世界，博采古今和中外，实现以我为主，为我所用。

园林景观规划与设计过程中，要切实加强文化和主题的应用，使园林景观在风景秀丽的同时凸显文化内涵，更好地陶冶情操。

第二节　儒家文化与园林景观规划

中国文化博大精深，源远流长。儒家文化亦如此，我国著名思想家以及教育家孔子就是儒家文化的主要代表人物。孔子的所有理念中有一项理念叫作生态美学理念，这一理念中蕴含着许多环境保护以及生态意识观念，对我国园林景观的规划以及设计有着非常重要的指导作用。早在先秦时期，人们自身所具有的朴素思想观念以及当时单纯的环境意识二者相结合形成了这一理论，这一理念成为我国生态环境保护意识以及生态美学思想的开端。本节笔者以儒家文化为主，探讨了儒家文化对园林景观规划的重要性，尤其是将传统的儒家文化充分应用在现代的园林景观建设上面，最终使当代园林景观更加合理、更加绚丽。

现如今，广大人民群众的生活越来越好，无论是交通还是运输变得越来越便捷，

社会的进步与现代化科技的逐渐普及离不开我国现代文明的进步与发展，在此基础之上，我们也在面临着生态环境恶劣变化的问题。许多生活的便捷都是以破坏自然环境作为代价而换取的，但是有些环境的破坏是不可逆转的。基于此，人们应该从自身反省，及时树立正确的价值取向以及哲学观念。这一观念早在儒家思想有所体现，“天人合一”这一观念是由儒家提出，儒家认为人们既不能成为大自然的主人，也不能成为大自然的奴隶，人与自然平等，且二者不可分离。

一、儒家文化的生态美学和生态环境思想

提出生态环境思想正是儒家文化代表人孔子，这一思想自身所具有的开创性以及独特性为当代园林景观的规划以及设计提出了非常重要的参考依据，而且还作为当代人们处理人与自然关系理论依据。孔子虽然比较敬重天地，但是他并不以天地为所有，他相信世间人与自然之间有着必然的联系。孔子的文化理念都是从实际而得出来的，这些理论应用性比较强，不仅具有合理性及客观性，而且还从仁爱的角度提出人与自然应该友好相处，人们应该尊重、保护大自然。

二、儒家哲学意识对园林景观设计的影响

（一）儒家哲学思想“天人合一”的内涵

景观规划的思想来源就是儒家文化的哲学思想。孔子曾曰：“天何言哉？四时行焉，万物生焉，天何言哉！”这一句话完整地体现出，规划设计是一个动态的建设过程。它告诉我们应该用变动的眼光去看待问题，而不应该静态地去思考。用流动的眼光进行设计，使各个环节都能够完美地串联在一起，使园林景观更加具有连贯性和流动性。“天人合一”这一儒家哲学思想，主要想表达的是人们在规划设计园林景观时，应该以积极的态度去处理人与自然环境二者之间的密切关系，以此来保证园林景观的可持续发展。

（二）园林景观规划设计中人的主体性是由儒家思想确立的

儒家文化所包含的三个主要内容是“仁、义、礼”，其中的“仁”主要讲究的是尊重、敬爱他人，并且安人之道也体现在其中。人在天地间的主体性是由儒家思想中的仁学而建立起来的。园林景观规划设计的主要目的是更好地为人民服务，在为人民服务的同时也要满足大自然的生态环境，所以现代园林景观在规划设计时要具有变动性、综合性以及包容性。其中儒家思想中特别强调的是以人为主体，以人为主体更加表明了人在自然社会中是处于主体地位的，其次也明确地表现出人在历史发展中是具有引领性的。以人为主体的哲学理念正好符合了园林景观规划设计的流动性和创造性。除

此之外，人的社会性也体现在儒家文化“仁”学文化中，人在社会上的引领性和主体性是不可否认的，以至于现代园林景观的规划设计也应该体现出社会道德伦理的观点，设计者在设计时应该学习儒家思想，应该合理应用儒家文化中“仁”学思想所要表述道德理论层面的人的主体地位以及社会责任感，任何一位设计者都应该先明确自己设计的初衷和设计目的，并且牢记在心，这样才能够设计出更加具有时代意义的作品。

（三）儒家文化中“天人合德”思想

在儒家文化中，我们需要学习和遵循的还有“天人合德”这一思想。“天人合德”主要强调，人虽然是世界的引导者，但是，人并不是自然万物的主宰者，不能对大自然为所欲为，而是要尊重大自然，尊重天与地，对大自然中的万物进行了解，并遵循、适应它，而不是想方设法地去改变它，这就是大自然的生态伦理。衡量世界的尺度标准不仅有人，还有大自然，我们应该从自然、社会以及人这三个方面对世界进行衡量，对自然、社会以及人三者之间进行协调，使社会更具有系统性。这一系统性恰恰就是园林景观规划设计者在规划设计师需要注意的，站在顶层总揽全局，全方位考虑问题，使各个体系都能够串联起来。水体、建筑等之间的协调性是园林设计中一些比较小的方面，大的方面则是人与自然、人与社会之间的协调性。儒家文化中“天地合德”这一思想所注重的就是这种协调性，将各个方面都联系起来，形成一个整体。因此，学习儒家文化，并将它合理应用到园林景观规划的设计当中，对其园林景观的更新换代有着非常重要的作用。

（四）儒家文化中“仁者以天地万物为一体”的整体思想

整体性这一思想是儒家文化在强调流动性的同时也在注重的一点，并且这一思想并不是简单地强调，而是具有明确的严格规定。“仁者以天地万物为一体”是指将世界万物全部都归集为一个整体，强调自然界各个元素轨迹所形成的一个完整的自然体系。儒家文化主要代表人孔子的仁德思想不仅仅针对人，而且还针对世界万物，明确提出仁爱与生态并重的这一整体。儒家文化这一哲学理念应该充分应用在园林景观的规划与设计当中，从整体上来考虑，儒家文化更多地在于注重园林景观的整体性，以至于在未来几年内整个园林能够经得起考验。

综上所述，仁爱之心为儒家思想所强调的，儒家思想对待世间万物也亦如此。每一位园林景观的规划设计者都应该努力学习儒家文化，并结合实际情况将儒家文化思想合理地应用在园林景观的规划设计中，这不仅能使整个园林景观极大满足人们的生理需求，而且更能够满足人们的精神需求，最重要的是还符合大自然的生态环境需求，使得园林景观的规划设计具有可持续性，并具有一定的时代意义以及文化价值。

第三节　声景学与园林景观规划

城市景观的最重要组成部分是园林，园林景观体现着一个城市的精神面貌，在美化环境的同时，丰富了人们的精神文化生活，使人们的生活质量得到了提高。但是随着城市经济的快速发展，园林景观面临的环境越来越复杂，为了保证园林景观的科学性和合理性，将声景学融入园林景观规划设计当中成为必然的趋势。本节将主要阐述声景学的基本概念和构成要素，并且探讨声景学在园林景观规划中存在的问题以及一些声景学在园林景观设计中应用的措施。

随着社会的快速发展和人们生活水平的提高，人们对园林景观的要求也越来越高，为了满足人们的需要，在园林景观规划过程中，将声景学融入园林景观规划过程中已经成为必然的要求。将声景学渗透到园林景观规划过程中，不仅可以提升园林景观的艺术效果，而且可以增强园林景观的生命力，从而可以使得园林景观规划设计更加合理、进一步提高园林景观设计的水平。

一、声景学的含义和相关要素

（一）声景学的含义

“声景”这一概念是在 20 世纪初，由芬兰的地理学家格拉诺提出的，随后加拿大的著名音乐家对其进行了详细的解释。声景主要是指在大自然环境中，一些能够值得欣赏和记忆的声音，而声景学是指研究这种声音的一门学科。随着声景学的发展，声景学被越来越多地认可，给人们带来了更好的审美体验，因此声景学也被应用到了园林景观规划中。越来越大的规划师、设计师喜欢将声音运用到园林景观规划过程中，不仅增加了园林景观的动态美，而且从整体上增加了园林景观的美感。

（二）声景学的相关要素

声景学的相关要素大体上可以分为两大类，分别是自然界的声音和人工声音。自然界的声音是主要是指风声、流水声、树叶声、下雨声、鸟叫声等一系列未经人类改变过的声音，将自然界的声音融入园林景观规划中，可以创造一种生动的生态意境，从而使人们感受到大自然的美好和惬意。人工声音主要是指人在说话过程中发出的声音，或者人在进行活动时发出的声音。传统的园林景观设计观念认为人工声音是多余的，刻意强调要避免噪声，并且认为将人工声音融入园林景观规划中不能体现园林景观的静谧。随着声景学的发展，园林景观设计师为了让人们从园林景观中获得安全感和归属感，结合具体的环境和场地将一些有辨识性的声音融入园林景观规划中，从而给人们带来丰富的听觉享受。

二、声景学应用于园林景观规划中存在的问题

（一）重视程度不够高

声景学在我国园林景观规划设计过程中应用得比较晚，由于声景学的积极作用还得到广泛的认可，社会对其认识程度不够高，因此制约了声景学在园林景观规划中的应用。在我国园林景观大多数都建在一些人口较多、交通发达的地方，园林景观很容易受到汽车鸣笛、人的发生喧哗等外界声音的干扰，因此政府相关部门对声景学不太重视。

（二）缺乏科学的评价标准和规范体系

我国的园林景观规划设计师在将声景学应用于园林景观设计过程中时，很容易造成一种极端的现象。声景学包括两种声音：①大自然声音；②人工声音。由于缺乏科学的评价标准，园林景观规划设计师在将声音融入园林景观规划中时，经常采用大自然声音，不采用人工声音，或者大量采用人工声音，一味地摒弃大自然声音。

（三）难以满足当地人们的需要

我国幅员辽阔，人口众多，不同地区有着不同的文化传统和风俗习惯，不同地区的人们的喜好也是有所不同的，比如我国北方的人们大多数都喜欢京剧、豫剧、二人转等，我国的南方人们大多数都喜欢黄梅戏、粤剧等。有的园林景观规划师在规划过程中无视当地人民的生活喜好和生活特点，盲目地将声景学融入园林景观规划中，这样的行为不仅不能够满足人们的需要，不能给人们带来丰富的审美体验，而且还会造成一种经济的浪费。

三、声景学应用于园林景观规划中的改进措施

（一）政府应加大扶持力度

园林主管部门应该加深对声景学的认识，并且加大对声景学的重视程度和宣传力度，另外，政府部门也要加大资金投入，对园林景观规划人员进行定期的培训，鼓励他们学习新的技术和新的观念。政府部门可以将密植植物墙、隔音板、墙或吸音海绵等设施设置到园林景观中，从而为声景学在园林景观的应用打下坚实的基础。

（二）制定科学的评价标准和规范体系

政府相关部门和园林主管部门应该对声景学的应用方式进行研究，并且鼓励园林景观规划人员积极创新，然后根据具体的实际状况和园林景观的发展趋势，制定和完

善科学的声音应用规范，从而帮助园林景观规划人员更好地完成工作。目前，我国对声景学的应用还不够广泛，但是政府相关部门和园林主管部门制定出科学的评价标准和规范体系之后，就可以解决人工声音和自然声音难以均衡的困境，从而提升我国的园林景观规划水平。

（三）园林景观规划师要加强基础调研工作

在园林景观规划过程中，规划人员不仅需要考虑环境和场地的关系、植物的配置、艺术效果的渗透等，而且还要遵循因地制宜的原则，否则将无法满足当地人们的生活需要。为了使园林景观更好地为人们服务，园林景观规划人员必须加强基础调研，深入了解不同地区的文化传统和人文风俗，然后根据调研的结果选择合适的声音类型。在园林景观规划过程中，规划师必须根据当地的文化传统设计出几套不同的方案，然后让当地的人民代表选择出一套比较科学合理的方案，从而提升园林景观规划的合理性。

综上所述，园林景观是城市的重要组成部分，它可以丰富人们的精神文化生活，因此提升园林景观规划设计水平是必然的趋势。风景是园林景观中必不可少的一部分，由于受政府的重视程度不够高、缺乏科学的评价标准和规范体系等因素的影响，风景学在园林景观中的应用受到严重制约。为了提升园林景观规划设计的水平，政府相关部门和园林主管部门应该加大对风景学的重视程度，深入了解风景学的应用特点，并且制定和完善相关的评价标准和规范体系，从而为风景学在园林景观规划中的应用提供扎实的依据。

第四节　生态理念与园林景观规划

保护自然生态系统、创造可持续发展的人类生存环境，已成为 21 世纪景观的首要任务。受此影响的生态学景观规划思想应当是未来景观设计的主导思想。本节分析了园林景观规划中的生态理念及规划现状，并从自然元素与人工元素两方面探讨了生态理念在园林景观规划中的应用。

一、园林景观规划中的生态理念

从 20 世纪 60 年代以来，为保护人类赖以生存的环境，欧美一些发达国家的学者，将生态环境科学引入城市科学，从宏观上改变人类环境，体现人与自然的最大和谐。生态园林正是被看作改善城市生态系统的重要手段之一，所以说现代城市园林景观规划设计应以生态学的原理为依据，达到融游赏于良好的生态环境之中的目的。

关于生态，有几点须进一步论述。生态学的本意，是要求景致园林师要更多地懂得生物，认识到所有生物互相依附的生存方法，将各个生物的生存环境彼此衔接在一起。这实际上要求我们具有整体的意识，警惕谨严地看待生物、环境，反对孤立的、盲目采取整治行动。不能把生态理念简略地理解为大批种树、提高绿化。此外，生态学原理要求我们尊敬自然，以自然为师，研讨自然的演化规律；要顺应自然，减少盲目人工改革环境，减低园林景观的养护管理成本；要依据区域的自然环境特色，营建园林景观类型，避免对原有环境的彻底损坏；要尊敬场地中的其他生物的需求；要维护和应用好自然资源，减少能源耗费等等。因此，荒地、原野、废墟、渗水、再生、节能、野生植物、废物应用等等，构成园林景观生态设计理念中的症结词汇。

二、现代园林景观设计中存在的问题分析

在城市园林建设中，园林绿化建设中存在着注重视觉形象而忽略节约理念和环境效益的现象。水景泛滥、填湖造园、反季节栽植和逆境栽植、大树进城、大草坪的建造、豪华高档装饰材料的过度应用、高价点亮城市夜景、大面积硬质铺装等建设活动，不仅造成宝贵资源的严重浪费，而且耗费巨资带来的是当地景观特色的严重丧失。

（一）水景设计

首先人造水景，如喷泉、瀑布、人工湖等，一般独立于城市的天然水系，依靠城市自来水系统维持，每年需消耗大量水资源，利用后的水也多直接排于下水道，而没有用于绿地浇灌或是补充到城市水系。再者，现代水景常设计成弯弯曲曲的浅水沟渠，水底和驳岸采用硬质铺装，水生植物难以生长，植物对水体的净化功能无法发挥，致使水质保持难度明显增加，为了保持景观效果就必须经常换水。

（二）高能耗灯具

强力探照灯、大功率泛光灯等高亮度、高能耗灯具常被用作造景灯具，道路和广场上的路灯和景观灯排列密集，每当夜幕降临便出现“火树银花不夜天”的景象。很多城市照明严重超标，能源浪费和光污染严重。

（三）植物配置不科学

许多绿地的设计建造中，为取得短时见效的效果，仅是将绿化苗木随意搭配种植在一起，而不注重植物景观层次、乔灌草配置比例、季相变化和长期的景观效果等因素，这样不科学的植物配置不但不能收到良好的景观效果和生态效应，反而消耗了大量的养护资金，浪费问题已经非常明显。

三、生态理念在园林景观规划中的应用

（一）自然元素规划

搞好植物配置，提高单位绿地面积的绿量。绿化植物的选配，实际上取决于生态位的配置，它直接关系到绿地系统景观价值的高低和生态与环保功能的发挥。在同面积的绿地中，灌丛的单位面积绿量或叶面积指数和生态效益比草坪高，乔、灌地被植物结合的又比灌丛的高。在高速公路绿化建设中，应充分考虑植物的生态位特征，从空间、时间和营养生态位上的分异来合理选配植物种类，既不重叠，也尽量不空白，以避免种间直接竞争，提高叶面积绿量，从而形成一个结构合理、功能健全、种群稳定的复层群落结构，以利种间互相补充，既充分利用植物资源，又能形成优美的景观。

（二）人工元素规划

所谓人工元素是指园林中的各类建筑物和构筑物。园艺小品，一座小桥、一片旱池、一堆桌椅、一座小亭、一处花架、一个花盆，都可成为现代园艺中绝妙的配景；雕塑小品，有石雕、钢雕、铜雕、木雕，设计时要同周围小环境和城市公共园林风格主题相协调；设施小品，要求美观实用，比如灯具有路灯、广场灯、草坪灯、建筑轮廓灯等，还有指示牌、垃圾桶、公告栏、电话亭、自行车棚等公共设施。

1. 园林灯具应用

（1）发掘园灯应用潜力。在满足园灯基本功能的前提下，尽量发掘其应有潜力，丰富园灯造型、强化功能，使园林灯具不再是造价昂贵、功能简单的“灯”。

（2）合理搭配、正确选择灯具。营造一个良好的灯光环境需要景观设计师和灯光设计师双方面进行沟通和协商，要达到的效果和可以达到的效果不能分开而论，两者密切联系、缺一不可。而正确的选择灯具则是让理想的效果可以保持一个稳定状态的前提。具体可以根据使用环境的情况参照 IP 等级。

（3）避免光污染。避免光污染主要从灯具的位置和数量着手。例如，在道路旁，最好是选择使用折射照明方式或者散射照明方式的灯具。而在游人较多的区域就要特别注意各种灯具的摆放位置，避免灯光的直射，尤其要注意控制强光照的灯具的数量。

2. 借助科技，选择高技术的景观设计

科学的发展推动了技术的进步，利用高科技技术和材料减少对不可再生资源的利用已成为当今生态设计的重要手法之一。巴黎的阿拉伯世界研究所中心截获太阳能和躲避太阳光为目的的镜头快门式窗户是高技术和现代形式结合的体现，不管现在看来它的设计是否成功，它所体现的设计理念都表现了人们对自然能源的一种关注。Bodo Rasch 为沙特阿拉伯麦加某清真寺广场设计的遮阳棚是由太阳能电池控制其开合的，伞的机械用电可由太阳能电池自行解决。以最大限度应用自然能源为导向，以德国为

代表的世界各国的研发机构开发出了多种用于建筑和景观的太阳能设备，例如，德国研发的航空真空管太阳能收集器、高效太阳能电池、隔热透明玻璃等。目前，我国已有建成的公园采用太阳能灯具，如上海炮台湾湿地森林公园。

第五节　居住小区的园林景观规划

随着时代的发展，景观规划和景观设计越来越与人、文化、自然和谐相处。但是，有些设计师片面追求效率，不关注设计项目的文化内涵。他们只关注形式，或者只是模仿具有文化意义的符号。现在人们更关注居住环境的舒适与美观，因此，景观规划显得尤为重要。

一、居住小区景观规划的优化目标

经济发展要求人们逐渐形成社区精神意识，关注个人从大家庭回归小家庭，并要重建社区精神。居住区景观在良好社区中的作用不容忽视，多种因素的和谐共生是现代社区居住景观建设的关键。和谐涵盖了人与自然的和谐，居住区外部环境的和谐，不同年龄段居民和收入水平的和谐，社区的居住景观是人类智慧和技能的结晶，以及其建筑风格、景观布局等的映射。时代的经济，技术和文化水平也反映了社区居民的社会关系。为改善当地社区生态环境，不要破坏现有的良好生态环境，营造适宜的居住景观，促进人工环境与自然环境的协调发展，是居住社区景观的生态目标。充分利用空间资源，降低建设成本和相关管理成本，实现资源回收再利用的初衷，建设节约型住宅社区。

二、居住小区园林景观规划的影响因素

不同的城市在地理位置、气候和地貌特征上存在差异。住宅园林景观的规划应结合每个城市所处的独特地理环境。区域环境应作为社区景观建设的起点，整体景观要以有利的地形和景观为基础。布局是合理规划的。不同城市的不同发展过程导致了他们自己独特的人文和历史的形成。如果我们将社区住宅景观建设与深厚的文化传统相结合，这种独特的文化可以继承和发展。另外，在社区园林建设中，应该适当考虑和维护各民族的风俗习惯，以提高住宅园林景观的价值。

三、居住小区园林景观规划的原则

以人为本的原则。住宅建筑的现代目的不仅是居民娱乐。要求遵循以人为本的原

则和将花园应用于人类的原则。它不应该像所谓的“欧洲风格”一样盲目追求外国模式。应该根据实际情况，根据当地的特点、景观的实际情况，充分体现了人的本质。

适应当地条件的原则。住宅景观规划充分利用社区原有的地形，根据社区面积选择适合开发和管理的绿色植物，减少社区园林建设不必要的资金投入。施工成本也应该降低。在设计的早期阶段，根据该地区的综合文化来决定花园中的植物，必须考虑节能和美观。例如，欧洲住宅小区需要选择梧桐、雪松等具有欧洲风格的树木。树木的选择需要根据当地的气候条件进行调整，并结合树木和树木的特点和颜色的变化来构建各种绿地。同时，社区不应该砍伐树木，以免影响人们的居住和儿童的安全。花卉和植物可以以各种组合方式使用，创造一片美丽而舒适的风景，打破住宅建筑的单调。

创新原则。中国数千年来拥有深厚的文化底蕴。哲学思想的整体概念“人与自然融为一体”，把人与建筑、自然环境视为完整的生物。在继承传统文化概念的同时，我们必须继续创新，打造一个更有特色的、不同效果的景观。

作为设计师，我们需要在住宅区规划中进行创新，获得大量的知识，并灵活地获取和应用它。在创新设计和景观规划理念下，景观不仅反映风格和特点，还营造一种文化氛围。因为生活习惯和文化是紧密相连的。

四、住宅小区园林景观规划的创新

住宅区和辅助设施。居住区，要考虑生态环境的交通条件、日照时间，根据本地区的地域特性制订计划。居住区的交通网络，不仅要满足道路系统是一个主题景观，还要追求人在环境中感觉舒适。同时为了改善居民的舒适生活，住宅花园的景观设计尽可能采用分层设计的方式。例如，社区的主要道路采用迂回路线而不是常规的网格模式来提供改变居民的道路景观。这应该是减少汽车污染，改善人们步行时的休闲方式的主要方式。景观的空间层面表征了房屋的特征，并有助于提升身份和自豪感。因此，通往景观的道路是“惊人的，应该进入人们的思维”。良好的跨部门组织和清晰的道路体系是反映生活环境质量的重要因素。

社区景观设计的一个重要元素是水景设计。人们常说山上有水。因此，为了实现规模化，在社区设计中建立大面积的水域是不可或缺的。例如，户外社区级别的花园有供水。在社区的水景设计中，需要融合各种设计方法，在现代社区水域，我们结合水、喷泉、海堤等形式，形成浪漫而合理的组合。但是，无论采用哪种设计方法，我们都必须实现人性化设计。

依靠科学和文化来塑造社区景观的特点。基于对现代景观设计理念，从科学的角度出发，为了进一步强调人们的生活社区景观设计中的作用，避免急功近利以及艺术景观设计的盲目，我们必须依靠我们设计的科学文化做指导。在景观规划设计过程中，我们需要满足人们自然融合的迫切要求，引导人们回归自然。同时，我们也要注意当地的文化和自然的历史。为了造福人类的生存空间，他们设计理念应具有科学和地域的特点，并且应该以现代和当代的东西为基础。

从生活的角度来设计。住房规划和设计灵感需要受到启发和推动，生活是设计师创造力的无限源泉。因为它在社会和时间上不断变化。设计师，应该把传统设计与现代变革的设计理念相结合，了解来自社会各方面的文化元素，使景观设计展现人与文化的有效融合。

第六节　GIS 技术与园林景观规划

伴随着建筑及城市设计的数字化热潮，关于风景园林的数字化应用也越来越多地出现，并展现出其在园林应用中的价值。

3S 技术是遥感技术（RS）、地理信息系统（GIS）和全球定位系统（GPS)3 种技术的统称的出现与应用，使园林所涉及的专业外延更广、地理范畴更大，分析方法更数据化、科学化、专业化。通过对遥感技术采集的城市绿地覆盖信息等影像数据，全球定位系统的数据收集，可以省去大量繁杂艰辛且准确率不高的野外调查工作。

地理信息系统，简称 GIS，英文全称为（Geographic Information System）或（Geo — Information system），是用于收集、存储、提取、转换和显示空间数据的计算机工具。简而言之，GIS 是地理空间数据综合处理和分析的技术系统。

一、GIS 在风景园林规划设计中的影响

地理信息系统 GIS 在国内景观规划中的应用，主要体现在微机硬件的发展及其许多附属功能上。各个地区的景观评估程度也可以通过 GIS、RS 和 GPS 收集的各个领域的信息进行提取和分析，GIS 技术系统会自动产生相应的评估结果。该方法可广泛应用于公共绿地、旅游景点等景观规划设计等。

二、风景园林学科中 GIS 的应用

（一）分析场地的地形

GIS 分析中常用的技术是地形分析，包括海拔、坡度坡向、水文等方面分析。同时，对于地形控制基地技术、水系统规划、排水分析、施工条件适宜性分析均具有较强的指导意义。

（二）分析场地的适宜性

这项技术主要是通过使用 GIS，通过对地形、水土、植被、施工等因素进行分析评估，采用地图叠加法对结果进行综合分析。相较于之前的定性分析和简单叠加各种因素的方法更加理性和客观。

（三）分析场地的交通网络

GIS 可通过构建网络数据集，导入现状要素（道路铁路、高架桥梁等）和点状要素（出入口、停靠点、交汇点），从而为基地道路交通规划及服务设施规划提供明确的指引。

（四）构建场地的三维景观

GIS 三维景观主要用于三维场景的模拟，也可用于模拟现状和规划地形。通过 ArcGIS 3D 场景模拟功能，可以在数字环境中直观体验地形和场地氛围。

（五）分析场地的视域

景观分析主要用于道路景观知名度和景观节点位置等景观规划。使用 ArcGIS，可以分析景观的可视性，用于景观路线的优化，设计师也可以分析景观范围和景观视觉情况的各种区域。

三、GIS 的特点

（一）优势

首先，GIS 具有较强的实用性和综合性，利用 GIS 技术进行景观规划，有利于将分散的数据和图像数据集成并存储在一起，利用其强大的制作功能与地图显示，将数据信息地理化，从而形成可视化的形态模拟，方便景观设计师规划与设计。其次，GIS 可以将各种空间数据和相关属性数据通过计算机进行有效链接，提高景观数据质量，大大提高数据访问速度和分析能力。同时，也为长期存储和更新空间数据和相关信息提供有效的工具。再者，运用 GIS 技术建立不同类型的数据信息库，可以将空间数据和属性数据，原始数据和新数据合理标准化，提供科学依据的同时，有利于大数据资的资源共享。

（二）存在的问题

目前，GIS 尚处在普及阶段，一些 GIS 的开发虽然已经结项，但其中大部分系统的数据都没有对外公布。同时，由于技术上的问题，有些 GIS 系统未能达到最初设计时的目的，其数据结构的设定只能为某些特定问题的研究提供相应的服务。其次，GIS 数据存在安全隐患。从长远来看，信息社会是发展的一个主要趋势，开放的基础地理信息有利于人们提供分析和研究的需要，面对不安全因素，不应坐以待毙，相反，应该加强自己的防守能力。但总的来说，GIS 技术的安全问题，我们还有很长的时间去改进和加强。

如今，我国对于 3S 等新技术许多强大功能的应用，始终徘徊在应用程序的门槛之外。产生这样的原因除了风景园林涉及范围广、涵盖学科复杂外，各个领域参与不足，未能形成技术和发展的整体应用也是重要原因之一。由于现代信息技术在景观建筑的许多方面仍处于探索阶段，如何抓住这个机会，将其融入行业内的各个领域，是景观设计师的重要任务，因此，GIS 技术在风景园林中的应用任重道远。

第七节　BIM 技术与园林景观规划

随着 BIM 技术在建筑领域方面的应用越来越普遍，园林行业也在业内慢慢推广尝试应用 BIM 技术，但是，园林行业面临着多种难题，包括项目规模、园林业主与施工方的需求以及整体项目的综合效益评估等等。在设计与施工阶段，对 BIM 的需求日益增加，在园林设计施工应用 BIM 的方面越来越多，包括场地设计、园林景观小品、园林建筑设计、项目结构整体布局等。应用 BIM 技术，可以使园林行业从设计到施工过程中实现二维图纸与三维信息模型的灵活转化与应用。

园林景观项目涉及的元素种类众多，地形起伏波动大，景观小品搭配丰富，植被花草颜色各异，在统筹多种元素方面会浪费了大量人力物力，那么将 BIM 技术应用到园林景观布置方面便能解决这个问题。BIM 技术在园林景观布置方案上的应用，属于一个创新。它通过创立三维数字化模型，不仅能在园林景观项目地形设计上给出解决方案，又能在园区植被选取与景区规划当中得到最佳效果，同时还可以在虚拟现实 (VR) 中给人更为直观的视觉、听觉冲击体验等。下文将结合实际项目对 BIM 技术在园林景观布置方案上的应用做详细解读。

一、BIM 技术在园林景观规划中的应用

（一）BIM 技术在地形设计中的应用

地形是整个园林景观工程的根基与骨架，地形的起伏大小、地形的平整度等等都影响整个工程的效果，在设计地形过程中，要考虑多方面内容，包括园林整体的景观效果、绿化面积、植物种植范围、园区小品安放以及园区道路等，在有限的面积内创造更多的效益。通过引入 BIM 技术，能帮助设计人员简单轻松地进行地形设计，利用 BIM 软件运用等高线创建地形的功能，能够快速生成设计人员想要的地形模型，更为直观地展现在设计人员眼前，如果生成的地形不满意或是不能够满足施工方面的需求，

可以通过地形修改相关功能，能够在原有模型上进行多次修改，修改后的模型能够迅速反映相关参数变化，方便设计人员记录。当然在地形创建完成后，还可以创建公园园区道路，利用 BIM 软件路线 3 d 漫游功能，及时观看道路两侧坡度是否满足设计要求与施工要求，还可以控制园区道路自身坡度，也就是纵断面形式，是否影响人们在园区散步的舒适度，进而使整个园区的设计更为人性化与舒适化。

（二）BIM 技术在景观规划中的应用

园林景观规划需要综合考虑多方面因素，包括人为因素与环境因素。主要涉及园区道路导向性、植被布局合理性、街道景观优化性、排水效率突出性等等。通过引进 BIM 技术后，创建地形模型即为设计初始阶段，之后要进行园林规划的关键阶段，在地形模型之后便是创建道路路线、安放园区建筑小品、排布园区植被、模拟漫游等，在进行每一步操作过程中，均能实现三维立体化显示。

在创建道路路线过程中，可依据路线导向设计方案，并综合分析地形起伏状态，三维模拟路人游览园区路线，分析路线设计是否合理，导向性是否明显，还可以在模拟同时，评估路线坡度起伏程度是否适宜，道路弯曲形式是否合理，消除游人路线疲劳，当然在道路材质铺贴图案布置上是否美观、舒适等。另一方面可以对园林景观内音场进行模拟分析并布置安放，音乐播放效果模拟，可控制音乐播放声音，达到适宜人群的舒适分贝。

在放置园区建筑小品过程中，可根据地形起伏情况，在设计放置地点进行阳关照射分析，根据当地地理环境因素，通过 BIM 软件设置太阳轨迹，综合分析并模拟阳光高度对房屋建筑的光能影响，设置合理的房屋朝向。结合园区道路设计方案，并模拟人口密集地带，公园小品放置数量可有效控制，避免浪费。

在对园区植物排布过程中，通过 BIM 软件模拟天气功能，综合分析太阳光照、阴影遮罩、雨水等，科学分析园区植被栽种种类与种植区域，还可根据植物胸径、蓬径进行局部性排布，使布局、植物间距更为合理。同时还可以对园区四季风力以及风向进行模拟，可得出在不同风力模式下，植物抗风能力，对于无法达到要求的树种，可适当增加植物胸径以满足要求。BIM 软件本身自带植物四季变化效果，通过模拟四季变化，能够模拟建成后园区景观四季变化效果，可为植物增添换种提前做准备，可调整常青、落叶、灌木等。

在所有植物放置完成后，整个园区基本完成，可提交可视化交底文件模型，通过模拟漫游功能，对整个园区景观进行漫游，分析植物管径是否合理，在主要观景建筑内，更能对视域进行分析，对于较大遮挡物体，可及时更换，避免工程的返工，降低施工成本。

（三）BIM 技术在工程中的应用

一是在施工图中的应用。在以往施工过程中，一直都是二维 CAD 图纸，避免不了会出现错误现象，二维图纸考验设计人员的三维想象能力，还有设计施工经验等，需要综合考虑地下管网、园区道路、园区建筑以及喷洒系统等，在引入 BIM 技术后，通过 BIM 技术 1 ：1 建模，在三维环境下进行整个项目的各个构件在指定位置安放，排除由于坐标不精确而造成的返工问题，同时还能够在设计建模过程中进行预先排布安放，从而解决由于只是概念设计，未考虑实际构件尺寸而无法顺利施工的问题，可大大减少图纸中出现的问题。

二是在人员之间沟通中的应用。首先是在设计方面人员沟通上，以往在园林景观项目上，一个人统筹管理多个人，由于项目繁杂所需人数较多，故管理起来不方便，引入BIM技术后，通过三维模型样例进行管理，极大节省了沟通时间，提高了工作效率。其次就是项目施工技术人员，以往的园林景观布置技术交底往往凭借手绘图纸进行讲解传递，引进 BIM 技术后，仅能够通过三维模型传递外，还能构建项目整体三维规划布局，使得技术人员无须多级传递，同样节省大量时间，并通过模型定位坐标，减低施工测量人员工作量，提高整体项目施工效率。

三是在园林工程项目初期场地设计方面的应用。在最初进场初期，对整个工程项目进行初测，等到高程信息，利用 BIM 技术，可以快速生成该地区原始地形，通过与设计地形的比对分析，能够迅速反映出填挖方量，并计算得出土方量，进而提高生产效率。

（四）虚拟现实 (VR) 技术的应用

虚拟现实 (VR) 技术以沉浸式体验为主，交互性能极强，对于园林景观工程这么注重绿化来说效果更为突出，BIM 技术结合 VR 技术，应用到园林景观设计规划中，在对所有模型拼装整理完成后，拍摄并录制可用于 VR 格式的视频，然后导入到 VR 设备中，通过观看视频过后，能够让设计人员对整个园区的效果进行深度理解，通过与业主方进行可视化交互后，能够对不满意的地方及时更换方案，可大大减低施工成本，提高生产效率。

（五）无人机技术的应用

无人机技术近年来火热，不仅因为其操作方便，更因为它能后通过简单的操作便能了解飞行区域的地理信息与工程量信息。无人机技术结合 BIM 技术，可对园林景观工程进行阶段性测评，使施工管理人员更为直接地了解现场施工情况，同时利用 BIM+ 无人机进行实景建模，不仅能记录每天场地施工进度，更能对现场土石方量进行监控，使管理更高效。

BIM 技术作为辅助管理工具，能够为项目节省施工成本，提高施工效率，使项目管理更为轻松，同时能够为园林景观工程设计施工方案进行优化，更能提供多方案支持，在这个涉及多领域的庞大工程中，BIM 技术起着重要的作用，随着社会和时代的发展，相信 BIM 技术更能造福更加广阔的领域。

第五章　生态背景下的园林景观设计

景观艺术设计

第一节　生态景观艺术设计的概念

景观设计在我国作为艺术设计教育是一门新兴学科，作为学科系统研究时间虽然不算长，但发展却很快，它是一门应用实践性专业，一直都是相当热门的科目。随着研究与实践领域的不断扩大与延伸，这门学科的交叉性、边缘性、综合性特征越来越明显。

学习景观设计首先要了解景观是指什么，对这门学科的内容和概念要有基本的了解。那么景观设计是指什么呢？就景观设计环境因素而言，可以分为自然景观和人文景观两大类：自然景观是指大地及山川湖海、日月星辰、风雨雷电等自然形成的物象景观；人文景观则是指人类为生存需求和发展所建造的实用物质，比如建筑物、构筑物等。目前人们对于景观设计的理解与研究，大都认为景观设计指的是对户外环境的设计，是解决人地关系的一系列问题的设计和策划活动，这样的解释比较概括地解释了景观设计的内容和含义，但似乎还不够准确，如何定义景观学科，是专业内一直争论和讨论的话题。至今为止，在众多的解释中，还没有一个确切的定义可以完全涵盖它。在对具体景观概念的认知上，行内人士也表现出许多不同的见解。在日常生活中我们发现，即使对同一景观的空间内容，让不同职业、不同层次的人群去感受，产生的感知结果也会存有差异，这与人的文化修养、价值观念、生活态度、审美经验等有很大的关联。建筑是景观，遗迹是景观，风景园林、各行业工程建设乃至建造过程也是景观。还有江海湖泊、日月星辰、海市楼都可以称为景观。景观是一种包括很大范围，又可以缩小到一树一石的具体称呼。

早期的景观概念和风景画有着密切关系，在欧洲，一些画家热衷于风景画的描绘，多数描绘自然风景和建筑，所描绘的图像有景观风景的效果，这使景观和风景画成为绘画的专业术语。1899 年，美国成立了景观建筑师学会；1901 年，哈佛大学开设了世界第一个景观建筑学专业；1909 年，在景观建筑学专业加入了城市规划专业。1932 年，英国第一个景观设计课程出现在莱丁大学，至此景观设计进入了多范围、多层面的研究与探讨。1958 年，国际景观建筑师联合会成立，此后世界各国相当多的大学都设立了景观设计研究生项目，在此之前的景观设计项目主要还是由建筑师和一些艺术家完成的。

随着人类文明的不断发展和进步，人类克服困难的能力不断提高，对生存环境质量的要求也不断增长，对居住环境的综合治理能力也在不断增强，不断改良的结果更增添了人们改造自然、追求美好环境的欲望。从最原始的居住要求来看，住所的基本要求首先是预防自然现象对人类基本生活的破坏和侵扰，比如防御风雨雷电、山洪大火等自然灾害的袭击；再就是预防野兽的侵扰；发展的动因则是人类思想的不断进化、自身要求的不断增长和创造力的驱使。随着不断有效的改良活动和人类智慧的不断进化，人类对生活内容和品质的要求不断增加和提升，层次也不断提高，并逐渐出现了权力和等级制度，信奉对各种神灵的崇拜。群居和部落的出现使居住场所逐渐扩大，权力和等级观念逐步加强，使建筑和用地的划分有了等级差别。对神的崇拜祭祀和敬神的场所有着至尊的位置，这些人为的思想与条件逐渐成为制度，逐步渗透到人们的思想和行为之中，形成一些准则，早期的环境设计中，也体现出在这些因素影响下形成的生活行为和思想寄托。

景观设计是一门学科跨度很大的复合学科，对景观设计的研究不仅需要众多的社会知识、历史知识和科学知识，更需要层次深入和面积宽泛的专业知识。对于景观设计的理解，我们主要是在对城市规划、建筑、城市设施、历史遗迹、风景园林等可供欣赏、有实用功能或某种精神功能的具体物象上，或可观赏，或具某种象征性和实用性。为了方便和深入研究，人们对景观设计还进行了一些具体详细的划分，如城市规划设计、环境设计、建筑设计等。《牛津园艺指南》对景观建筑做了这样的解释：“景观建筑是将天然和人工元素设计并统一的艺术和科学。运用天然和人工的材料——泥土、水、植物、组合材料——景观设计师创造各种用途和条件的空间。”此语对于景观设计中关于建筑方面的内容解释得非常明确，而我们这里只是把建筑景观作为景观设计中的一个组成部分来理解。景观设计师 A. 比埃尔（A.Beer）在《景观规划对环境保护的贡献》中写道：“在英语中对景观规划有两种重要的定义，分别源于景观一词的两种不同用法。解释①：景观表示风景时（我们所见之物），景观规划意味着创造一个美好的环境。解释②：景观表示自然加上人类之和的时候（我们所居之处），景观规划则意味着在一系列经设定的物理和环境参数之间规划出适合人类的栖居之地……第二种定义使我们将景观规划同环境保护联系起来。”她认为景观规划应是总体环境设计的组成部分。通过这些解释，我们看到景观设计的大致范围和包含的主要内容，但还不能涵盖景观设计的全部内容，因为景观设计的内容是扩散的，不断地边缘化，不断会有新的内容补充进来，所以对于它的理解与研究必须是综合的。由于景观设计涉及的学科众多，又加上科学、艺术不断创新和进步，各种文化相互渗透，就使多元文化设计理念与实务得以不断发展。

不断出现的环境破坏与环境保护和可持续发展之间的矛盾与解决方法的循环往复，使人类对景观设计的认识和理解不断加深。由于新矛盾、新问题不断出现，新的认识和解决方法也不断被探讨、研究和应用。对于景观设计研究来讲，更深层次的探求必须在哲学、审美观念、文化意识、生活态度、科学技术、人与环境、可持续发展等方面深入研究。景观设计学的具体解释应该是怎样的呢？笔者认为，景观设计学是一门关于如何安排土地及土地上的物体和空间，来为人类创造安全、高效、健康和舒适的人文环境的科学和艺术。在区域概念中，它反映的是居住于此的人与人、人与物、物与物、人与自然的关系。作为符号它反映的是一种文化现象和一种意识形态。它几乎涵盖了所有的设计与艺术，进入了自然科学和社会科学的研究领域。

第二节　生态景观艺术设计的渊源与发展

景观设计与人类的生活息息相关，它反映了人类的自觉意志，在整体形态设计的背后，隐藏着强大的理论基础、设计经验和个性主张。作为人类最早的景观设计活动，首先是对居所的建造活动，因为从有人类开始，其生存就要有基本的居住场所，从岩洞生活到逐步追求生存环境的质量，居住环境的规模、功能、实用性、美观性在不断扩大和提高。人类的才智、技能在发展过程中不断提高和发展，从对景观形态的体验上可以看出，人们追求的目的和意义不仅是视觉上的，更多起绝对作用的因素是心灵，这与人追求美的欲望有着密切的关系。尽管最初对景观设计理解的高度与深度有限，但从开始对居住环境的选择，其中就有环境设计的意思。景观设计是最能直接反映人类社会各个历史时期的政治、经济、文化、军事、工艺技术和民俗生活等方面的镜子。通过对遗迹景观中诸多内容的考证与感知，我们可以真切地感受到不同社会、不同地域、不同历史时期的信仰、技术、人文、民风等诸多方面的具体信息，会发现人们在不同文化背景中，尊崇着不同的信仰和不同的思维及行为方式。因为这些不同，设计者创造出含有不同审美价值观念的景观内涵，表现出独特的思维定式和生存习俗等方面的不同追求。在不同的地域，不同的民族，在不同的历史时期，在共生共存的基础上，对文化的认识、理解、发展都有着独特性、片面性和局限性，这些独特性、片面性、局限性的发展、演变、交流导致其不断自我否定与发展，这成为景观设计多元化发展的历史源流。

人类在漫长的社会发展中，无时不在探求和发展人与自然的良好关系，随着时间的流逝，岁月的痕迹在自然和人为景观上留下深深的历史烙印。在遗址中我们可以看到生命和文化的迹象，这些具体的自然遗产和文化遗产，是人类印证历史发展的宝贵财富。20世纪末由于经济和人口的高速发展，我国城市规模迅速扩大，使人地关系变得非常紧张。城市的发展对自然和文化遗产的保护带来了威胁和问题，特别是商品经济高速发展的近现代，对环境和文化的破坏已造成了极其严重的后果，其中论证不完善的乱拆、乱建和对各种资源的污染，对相当数量的自然遗产和文化遗产造成了不可挽回的损失，虽然政府补充了许多有效保护措施，但有些已是无法挽回。近年来，世界遗产保护部门也加大了对自然遗产和文化遗产的保护力度，提出了对“文化线路”的保护与发展的新内容，加入了有关文化线路的建立与保护及其重要性的内容，把自然遗产和文化遗产一起作为具有普遍性价值的遗产加以保护。其核心内容就是要对历史环境的保护范围加大。从街区、城镇到文化背景和遗产区域，对这些文化线路中不可或缺的具体内容加强保护。这对于自然和文化遗产的保护起到了推动、加强和反思的重要作用。特别是在以高科技和商业化推广为标志的高速发展中的国家，这显得尤为重要，具有现实意义和历史意义。在我国，相当数量的文化旅游线路，受商业利益的驱使，其商业价值已远远超过了保护价值和文化价值，这是很值得我们深刻反思的问题。在中国这样一个具有悠久文明传统的国家，应谨慎对待和深刻反思对遗产保护的重要性和深远意义，应把保护放在第一位，保护就意味着文化的延续，这些原有的空间形态与秩序，叙述着不同文化和生活习俗以及在生产中不断改变的过程，一旦毁坏将无法复原。而保护的最基本做法就是要放弃没有文化意义和科学论证的乱建、乱伐和急功近利的乱开发，坚决放弃以污染空气、河流和土壤为代价的污染经济项目。在文化线路的保护上，必须充分认识到，自然遗产和文化遗产具有不可再生的价值，一旦破坏和摧毁，或者保护不力，将不可再生，失去本质的实际价值，这种保护的意义，不仅仅体现在一处或多处的景观保护，更重要的还有它的真实历史背景和人文形态保护，社会发展转型期更应该理性对待和科学论证。

工业化的发展给地球村的建设与发展带来了空前的繁荣和众多的实惠，但有利必有弊，人与自然的关系问题，环境污染与保护问题，手工艺和人文环境的逐渐消失问题，经济建设与可持续性发展等，必须解决而又暂时不能解决的问题、矛盾越来越多，越来越深入到人们的日常生活之中。现代人向往农业化时代的空气、水质和自然的人文环境，但又喜爱工业时代的物质产品，希望充分享受舒适的物质化环境和全面的物质功能，并由此引发更高智慧、更为实用、更高科技含量的物质欲望，这种欲望在工业社会时期大有取代精神追求的架势，这也是工业化、信息化时代给人类造成精神与物质双重压力的主要原因之一。这主要是现代人盲目崇尚物质与技术造成的。在开发物质能量的同时，在极度追求物质与技术的目标下，也产生了许多新的景观设计表现形式。由于不同思想的相互交融、相互影响，新思想也不断产生。人们对传统、历史、现在和未来有着完全不同的理解、行为和期待，多元化的思维与审美，使设计创造活动完全打破了原来尊崇的主流方式与方向，形成了百花齐放的发展局面。在利益的引诱下，不同声音、不同见解的内容与表达形式，使景观设计陷入了一个比较混乱的多元化创造时期。很多景观在设计上甚至违背社会的发展规律和文化背景，一味求异、求洋、求大，导致了一大批不伦不类的景观实物，这些缺乏或没有民族历史感、失去文化底蕴、没有现实引导意义、没有可持续发展意义的“景观”，在不久的将来，就会成为一堆堆文化垃圾。

人在本质上讲首先应该是自然的，然后才是社会的。人类在自然景观和社会景观的意义中寻求不同心理的精神安慰，从自然人的角度看待景观世界，地域文化和人的情感要同客观存在的景象达成共鸣，对物质产生的意义要从精神上认可，才能使二者相互交融并产生意义，达到人与物的相互交融，达到平衡存在的良好状态，这体现着较高层次的主客观审美追求。从这个层面理解当下中国的工业化城镇景观状态，在规划与创建上似乎以追求工业化技术层面为先导的居多；忽视或放弃文脉传承、忽视人类情感因素的居多；片面求异、求洋、求大为第一目的的居多；以物质和技术为先导，不考虑具体的文化背景与条件的居多。这种情况给任何一种文化都会带来前所未有的冲击，甚至产生灾难性的后果，会使人与自然、人与社会、人与人产生较大的距离，并最终使人陷入孤独。

中国是一个以农业为主导产业的发展中国家，在改革开放、以经济发展为核心的过程中，逐步向以工业技术生产和产品加工为主的工业化国家发展，这是一种可喜的进步。但在景观规划上，特别是建筑景观的建设上，我们在没有充分的时间和空间条件准备下，大批量接纳和消化世界发达国家的科技和艺术成果，而这些实验成果，在某些方面有成为城市景观设计主流的趋势。在景观设计领域对于以新思想、新技术为主导的设计与应用，我们在视觉和精神上都还暂时处于一种不成熟的兴奋与怀疑之中。对追求新的物态与结果表现出的热情、新奇、刺激、盲目要审慎对待，要用持续发展的态度来对待。工业化的景观设计在经济发达国家的发展是比较有序的，他们在这个过程中有比较充足的时间来论证和有序地拓展，有时间和空间理智地运用乃至输出他们的科技成果。而我们却以较短的时间，承受发达国家百年以上科技成果的商业侵入，并且基本接受和实现了景观设计国际化这样一个事实。这个事实的快速实现，使我们的自我文化牺牲太大，历史景观日渐消失。在城镇的发展中可以看到，原有形态的传统文化环境已经模糊或已经没有了，过快过多的国际化景观环境，使我们感到生存在一种人为的、技术的、物质景观之中。这种没有个性的物质堆砌，展现的只是技术成果，“以人为本”的精神层面渐行渐远，城市的规划与建设已基本脱离了我们的传统文脉，以一种非常机械的、生硬的、陌生的物质化姿态出现。

景观设计是物质化的空间表现，这个物质化空间的生成，会释放它承载的各种信息，如果一个城市没有了它的历史与文化背景，它会是一个怎样的空间状态呢？本土文化是一个城市发展的灵魂，它使这个城市有历史感和归属感，它用自己的语言叙述自己的以往和现在。以本土文化特质的消亡来换取国际化风格的植入，是不理智和论证不充分的结果。本土文化是一个民族在历史的长河中经过长期的奋斗和积累而形成的民族文化财富，有其特殊的文化脉络和滋养方式。我们必须吸收接纳一些工业化的、高科技的成果来发展我们的本土文化，但不是错位地跳入另一个陌生的脉络中快乐地销毁自己。所以从事景观设计必须尽快探讨、寻求一些切实可行的、适合国情和地域文明发展的空间物质表现形式，来引导和适应这个转型期，并坚决以不失本土文化的存在和发展为前提。

实现以本土文化为主流的环境设计，充分利用工业化、高科技的优势，创造多元价值共存的和谐社会的景观环境，是景观设计师的追求和责任。

第三节　生态景观艺术设计的历程

景观环境设计史，是人类社会生存和发展的综合史，是人类从生存需求到营造和追求生存质量及思想进步的科学艺术演变史。在这个漫长的演变过程中，我们看到，在历史景观设计中充满着人类社会的各种智慧和追求，从狩猎、农耕的最基本生存需求，到现在追求高质量的物质享受，从各个方面的思想变迁和环境变化来看，其中包含着信仰、政治、经济、文化、军事及生活方式等各方面的种种故事。景观设计史见证着人类社会在精神和物质需求上不断增长和不断满足，又不断增长和又不断满足的探求精神。在解决了生存危机的社会环境中，人类的第一需求就是渴望追求更舒适、更完美和更高层次的生活品质。各个历史时期处在和平环境中的人们，追求和营造更高层次、更高智慧的生活环境的热情、欲望不断加大，涌现出许多更高技术、更多功能和更高审美层次的人文景观。

一、智慧的启蒙

（一）石器时代

石器时代又分为旧石器时代和新石器时代。旧石器时代的古代先民已经有意识地选择，制作具有削刮功能的器具来帮助生活，在居住场所的选择上，也寻找可以御寒和具有防御功能的场所作为栖息地。这些活动已经具有比较明显的目的性，其中也包含着最初的设计意识。旧石器时代晚期的器物上还有装饰物出现，从石器的功能性和外观特征中已显示出古代先民追求美的意识。

新石器时代的古代先民已掌握了基本的农耕技术，从以狩猎、采集为主要生活来源的生存方式，转为以农耕种植和畜养动物为主的生活方式。他们发明并制造出比原来更加精巧的磨光石器工具，用以装饰石器的方法也逐渐增多。新石器时代的聚落已经有比较严整的规划和大中型房子，并有多形态的形式变化，既有带套间的排房院落布局，又有规模宏大、平地起建的大型建筑。

（二）青铜时代

青铜的冶炼和青铜器的出现，使人类社会由石器时代过渡到青铜器时代，标志着社会生产关系将产生巨大变革和飞跃。金属器具在农业的广泛使用，使生产效率得到很大提高。生产效率的提高，让人们有了更多精力和技术来改善其生存的环境。人类根据其居住地域的不同特点，创建出各种居住建筑的形制，并开始较大规模的城镇建设，以公共建筑来体现权力关系。其城镇形态的特征表现为功能划分逐渐清晰，人口密度增高，区域和远程贸易开始形成和发展。

二、古老的亚洲

（一）西亚的古巴比伦

西亚文明源于美索不达米亚，也被称为“巴比伦文明”或“巴比伦—亚述文明”。是世界上最早的文明发源地之一，位于现在伊拉克境内的幼发拉底河及底格里斯河之间的流域，是古代巴比伦的所在地。这支文明有着丰富而多样性的民族文化，种族成分非常复杂，它的创立者是苏美尔人。

新巴比伦城“空中花园”美索不达米亚勒底帝国巴布甲尼撒二世建造，世界七大奇观之一，被认为是世界上最古老的屋顶花园。

最早的苏美尔人创造了一套文字体系，这就是著名的“楔形文字”，最初是象形文字，逐渐演变为一个音节符号和音素的集合体，用以记载重大事件。它是用平头的芦秆刻在泥板上并晒干后保存。古代巴比伦—美索不达米亚的数学也非常发达，公元前一千八百年左右，巴比伦人就发明了六十进位的方法，而且知道如何解一元一次方程。古巴比伦人非常重视城市的建筑，他们在公元前三千年就开始了建筑设计。在建筑上由于受到建筑材料的限制，其建筑均为土烧结砖砌筑而成，用这种材料建成的屋宇，在造型上的变化比较自由，建造中可以发挥的空间比较大。古巴比伦建筑的基本特点是屋宇比较低矮，向水平方向展开，重要的建筑都建在台基之上，屋顶上是平坦的，并建成屋顶花园。宫殿的建筑规模则比较大，多数宫殿建筑都带有方形的内庭。由于巴比伦经过许多王朝和地理范围的变更，在建筑和景观的发展上出现了错综复杂的历史现象。

（二）古代印度

印度河流域也是世界最早文明的发源地之一。由于地理的原因，古印度社会早期的发展比较封闭，唯一的陆上通道就是西北部的伊朗高原，是接触和吸收外部文明的主要渠道。

大多数建筑都用石材构筑而成，建筑形态相当雄伟，有些建筑直接从岩石上雕刻出来，成为与自然山体浑然一体的建筑景观，其中最具代表性的是埃罗拉石窟群，有34座石窟。这种建筑的建造形式十分独特，有的在岩石中开凿一个独立的院落，有的则开凿成上下两层。窟内的石柱、柱脚都刻有各种风格的雕花图案，表现出对空间的独特认识。古代印度的建筑风格追求象征性，几乎没有常人的个性和世俗的内容。

印度的莫卧尔帝国在阿克拜帝执政时期建都于亚格拉城。后来，沙贾汗帝非常宠爱子马哈尔。爱子死后将其墓建于贾穆纳河畔。它是一座由镶嵌彩色玉的大理石建成的波斯式建筑，周围配有花圃和水池，在月明星稀之夜显得格外美妙。

（三）西亚的伊斯兰

巴格达的宫殿和庭院除了一些传说的记载，没有留下其他实际的遗迹，其房屋和庭院仍是沿袭传统，但室内外的关系在设计上比较密切；屋外有可供赏景的乘凉平台，庭院内有银树，以及金银制成的机械鸟和其他奇特的装饰物，景观设计上的创新则主要由土耳其人承担，他们运用拜占庭工匠的建筑方法，发展其低矮小巧的建筑群，建造成看起来像蘑菇似的建筑外观，这种想法可能受到游牧部落帐篷外观的影响。

在布尔萨和后来的君士坦丁堡，土耳其人发展出一门新型的建筑规划艺术，将建筑布置在宏伟的环境景观之中。在建都布尔萨两个半世纪之后，伊斯法罕被布局为一个四周为自然景观环抱的城池，因为当时对于城市绿化一无所知，这个布局设计基本上是基于美学理由发展而成。以波斯庭院序列作为基础，平面配置以伊斯兰特有的正方形及长方形所组成。在城镇规划当中避免了对称性及完整性的追求，以图达到只有真神才可到达的完美状态。

著名的巴格达圆城，于公元762年由邻接底格里斯河的富饶国家哈利发曼苏尔兴建，作为阿拔斯王朝的新首都。幼发拉底河灌溉了两河之间的土地，而底格里斯河则滋润了东岸的土地，确定的城市圆形范围与不规则的水道形成对比。内城到处是盛开的花，这座城市后来成为香料工业的中心。

巴格达并不是唯一的圆形城，但却是唯一有留下详细描述和测量记载的城市。护城河围绕着外层的墙，在第二层较厚的城墙和最内层的墙之间是居住的建筑物，并且预留出宽广的中央空间，供其他公共活动和建造其他用途的建筑使用，中央空地还有清真寺和具有绿色屋顶的曼苏尔宫殿。城墙外的河川沿岸上，都是规模浩大的皇家庭院。

（四）古老的中国

中国的景观设计是从造园开始的，中国的造园艺术是景观意识的集中体现，以追求自然的精神境界为最终和最高目的，以“虽由人作，宛自天开”为审美旨趣。它深深浸透着中国文化的精神内涵，是华夏民族内在精神品格的生动写照。中国古典园林，也称中国传统园林，它历史悠久，文化内涵丰富，个性特征鲜明，表现形式多姿多彩，具有很强的艺术感染力，是世界三大园林体系之最。在中国古代各建筑类型中，古典园林景观可以算是艺术的极品。由于历史原因与传统的积累，中国人已形成了自己特有的对美的评价标准。

魏晋南北朝是我国社会发展史上一个重要时期，这个时期的社会长期处于战乱、分裂的动荡时期。这时期的社会经济也曾一度繁荣，文化昌盛，士大夫阶层追求自然环境美。受老庄哲学影响，当时隐逸之风大兴，以游历名山大川和以隐士身份出现，成为当时社会上层的风尚。这时期的玄学代表人物康曾宣称“老子、庄周，吾之师也”。以“招隐诗”“游仙诗”为代表的诗体，充分反映出当时社会的审美心态，对后来的园林设计美学思想的发展，特别是江南私家园林的美学思想影响很大。这一时期还出现了许多不朽的文艺评论著作，如《文心雕龙》《诗品》。而陶渊明的《桃花源记》等许多名篇，也都是这一时期问世的。晋代的陶渊明对园林设计的影响很大，他对于田园生活的理解和态度，创造了中国园林史上的审美新境界，以松菊为友，琴书为伴，追求宁静自然的生活状态。这个时期以山水画为题材的创作活动也比较活跃，文人、画家开始参与造园活动，使“秦汉典范”得到进一步发展。北魏张伦府苑，吴郡顾辟疆的“辟疆园”，司马炎的“琼圃园”“灵芝园”，吴王在南京修建的宫苑“华林园”等，都是这一时期具有代表性的园苑。

隋朝结束了魏晋南北朝后期的战乱状态，社会经济一度繁荣，加上当朝皇帝的荒淫奢靡，造园之风大兴。隋炀帝“亲自看天下山水图，求胜地造宫苑”。迁都洛阳之后，“征发大江以南、五岭以北的奇才异石，以及嘉木异草、珍禽奇兽”，都运到洛阳去充实各园苑景观，当时的古都洛阳成了以园林著称的京都“芳华神都苑”“西苑”等宫苑都穷极豪华。在当时城市与乡村日益隔离的情况下，那些身居繁华都市的封建帝王和朝野达官贵人，为了玩赏大自然的山水景色，在家园宅第内仿效自然山水建造园苑，不出家门，便能享受“主入山门绿，水隐湖中花”的田园乐趣。把以政治、经济为中心的都市，建成了皇家宫苑和王府宅第花园聚集的地方。

唐太宗“励精图治，国运昌盛”，使社会进入了盛唐时代，宫廷御苑设计也越发精致，特别是由于石雕工艺已经成熟，宫殿建筑雕栏玉砌，格外突出并且显得华丽。“禁殿苑”“东都苑”“神都苑”“翠微宫”等。当年唐太宗在西安骊山所建的“汤泉宫”，后来被唐玄宗改作“华清宫”，其宫室殿宇楼阁“连接成城”。

唐朝后期大批文人、画家参与造园，造园家与文人、画家结合，运用诗画等传统表现手法，把诗画作品所描绘的意境情趣，引用到园景创作之中，有些甚至直接以绘画作品为设计底稿，寓画意于景，寄山水为情，逐渐把我国造园艺术从自然山水园阶段，推进到写意山水园阶段。唐朝王维是当时具有代表性的一位，他辞官隐居到蓝田县，相地造园，是园林史上著名的私家大园林，园内山峰溪流、堂前小桥亭台，都依照他所描绘的画图布局来筑建，如诗如画的园景，表达出他那诗情画意般的创作风格，他的组诗有这样的诗句“湖上一回首，山青卷白云”。“文杏载为梁，香茅结为宇”等关于赞颂园林的美妙诗句。

宋朝、元朝造园也都有一个兴盛时期，在“江吴都会，钱塘自古繁华”的杭州是宋朝园林建园数量最多的城市，士大夫文人基本都有或大或小的住宅园林。我们从宋代的诗词中可以看到它的许多细腻之处。“庭院深深深几许，杨柳堆烟，帘幕无重数”“花径里，一番风雨，一番狼藉。红粉暗流随水去，园林渐觉清阴密……庭院静，空相忆”。宋朝园林开始注重境界的营造，并把审美提升到很高的层次。在客体景观的构成手法上也有了新发展，表现形式上较好地运用掩映藏露，在虚与实、曲与直、大与小、深与浅等手法的艺术处理上，创造出前所未有的艺术成就，园林设计开始走向真正的成熟。同时在景观设计用材方面也非常讲究，特别是在用石方面，比以往有了很大发展。宋徽宗在“丰亨豫大”的口号下大兴土木。他对绘画有较深的造诣，喜欢把石头作为欣赏对象。先在苏州、杭州设置了“造作局”，后来又在苏州添设“应奉局”，专司搜集民间奇花异石，舟船相接地运往京都开封建造宫苑。“寿山岳”的万寿山是一座具有大规模的御苑。此外，还有“琼华苑”“宜春苑”“芳林苑”等一些名园。现今开封相国寺里展出的几块湖石，形体的确是奇异不凡。苏州、扬州、北京等地也都有“花石纲”遗物。宋、元时期大批文人、画家参与造园，进一步加深了写意山水园的创作意境。

明、清是中国园林创作的高峰期。皇家园林的创建以清代康熙、乾隆时期最为活跃。这个时期社会相对稳定、经济繁荣，给建造大规模写意自然园林提供了有利条件，“圆明园”“避暑山庄”等都是这个时期的力作。私家园林则是以明代建造的江南园林为主要成就，如“沧浪亭”“休园”“拙政园”等。同时在明末还产生了园林艺术创作的理论书籍《园冶》。他们在创作思想上，仍然沿袭唐宋时期的创作源泉，从审美观到园林意境的创造都是以“小中见大”“须弥芥子”“壶中天地”等为艺术创造手法。以自然写意、诗情画意为设计创作的主要理念。大型园林设计不但模仿自然山水，而且还集仿各地名胜于一园，形成园中有园、大园套小园的设计风格。

明清园林设计在继承传统的基础上又不断创新，在创作手法上有意识地对构成要素加以改造、调整、加工、提炼，从而表现一个精练、概括、浓缩的自然。它既有“静观”又有“动观”的景象营造方法和手段，从总体到局部都包含着浓郁的诗情画意。在这种空间组合形式上，明清设计师把建筑物的作用提高，使建筑成为营造景观的重要手段和方法。园林从游赏向可游、可居方面逐渐发展。充分运用一些园林建筑如亭台楼、桥廊等来做配景，使周边环境与建筑融为一体。园林创作因为这一特点，使明清时期成为中国古典园林集大成时期。

（五）日本的景观

日本式的景观设计风格，前身是日式传统园林景观。日式的枯山水园林设计，是日式传统园林景观的代表风格，它源于日本本土的缩微式园林景观，多见于小巧寺院。在其特有的环境气氛中，用细细耙制的白砂石铺地、叠放有致的石组摆放，其氛围能对人的心境产生神奇的力量，并能表达深沉的哲学理念。中国文化曾对日本节化的发展产生过巨大影响，特别是中国建筑群的几何式布局和自然象征主义的表现手法，为日本环境设计的发展奠定了基础。在景观设计发展过程中他们吸收中国文明的营养，结合日本的具体特点，形成了自己景观设计的特色，其风格是严肃、雅致、庄重和素净。

日本园林景观设计相信地球是有意识的，是一个生活实体，并且它的所有组成部分：人类、石头、植物、水和动物都是相互平等、相互联系着的。日本造园者在园林设计中，不是移植或复制自然，而是充分利用造园者的想象，从自然中获得灵感。他们最终的目的，是创造对立统一的景观环境，即人控制着自然，某种程度上，造园活动还要尊重自然的材料，并通过这些来表现人的艺术创造性。

日本园林也选择以山水为骨干的表现形式，总体上看，日本园林的本质为池泉式，以池比拟海洋，以石比拟孤岛，泉为水源，池为水，池泉为基础，石岛为点缀，舟桥为沟通。园林中山水尺度都偏小，早期主要用覆盖草皮的土山，后来又引入假山、岛屿和桥，园林景观的表现形式也逐步改变。在水的处理上，尽可能使水域接近自然溪流沼泽，人工味较淡，或大或小的水面，流水或滴水的声响，都要勾起人们的许多思念。以低矮植物和草地为主要绿化植物，经过梳理的植物精心种在石缝中和山石边，以突出自然生命力的美；树木是经过刻意挑选和修剪过的，富有浓郁的表情含义。石材应用也是通过精心挑选，石灯笼、清洗器具也成为景点或构件。作为构建山水的石材，其形态质感、色彩组合要提炼成带有神化色彩的山水，要能使人们产生对名山大川的向往。日式园林设计的精心和细致也培养了观者的敏感和多情，这也是东方景观的特征。

到了现代，日本的城市景观设计依然沿袭着日式园林景观的精华，并结合了许多现代高科技的技术手段和先进的设计理念，创造出了许多杰出的景观作品。

三、古埃及与欧洲的景观

（一）古埃及

西方文明的发展是以古埃及为起点的，古埃及人在尼罗河两岸创造了古老的埃及文明。古埃及是手工业时代最发达的文明地区之一。

古埃及人追求永恒的人生，他们创建了许多巨大的纪念性建筑，以体现在现实世界中对永恒人生的向往和追逐。埃及人对于人生和环境的要求，更多以视觉审美为基础，其巨大的建筑给人以永恒意念的启示。他们创建的伟大建筑，充分运用了他们掌握的天文和数学知识，建造出震惊古今的近乎不可思议的完美建筑，在诸多的伟大建筑中最伟大、最辉煌的是金字塔和神庙，它们用巨大的花岗岩或石灰岩材料构筑而成，具有强大的视觉震撼力和极强的象征性，在构筑与构材方式方法上也达到了令人难以想象和难以置信的程度。古埃及人利用他们特殊的地理位置和自然环境条件，创建出对称的方形和平面几何形式的园林，还把尼罗河的水引入园林，形成可以泛舟的水面，这为西方景观风格的形成奠定了基础。

埃及人居住的房屋大多是低矮的平顶屋，富人的住宅周边建造着精美的庭院。从第四王朝始，古埃及人选择用砖石结构的方法来构建房屋，也就是后来被称为“承柱式”的技术体系，即用垂直的立柱和墙为支撑体，在邻近的柱和墙之上，横向放置石梁柱，组成室内的封闭空间。对于柱体的造型，除方柱和连壁柱之外，还有莲花式造型。在城市布局规划上，以棋盘状格局为主要特征。在城市整体规划上遵循日出日落的启示，将尼罗河东岸称为“生之谷”，将城市置于东岸，而西岸则主要是墓地和神殿，称为“死之谷”。古代埃及给人类社会创造出伟大的精神和物质遗产，即使今天看来，古代埃及仍然是伟大的、神秘的，甚至不可思议的。

（二）古希腊

地中海一带是欧洲文明的摇篮，古希腊位于地中海东岸，其文明的发展深受古埃及的影响，西方文明在发展过程中以古希腊和古罗马为主要代表。古代希腊是西方民族精神的楷模，他们比较崇尚自由和探索，对知识的探求高于信仰之上，由此原因，古希腊的科学、工艺和建筑，都达到了古代社会的最高水平。

古希腊是欧洲文明的主要发源地之一，在欧洲的大部分地区还处在蛮荒状态时，古希腊已经具有了较高水准的物质和精神文明。它的文明发展除去自身发展的因素外，还受到了美索不达米亚和埃及等文化的影响。早期希腊神殿建筑非常明显地受到埃及承柱式和传统的迈锡尼迈加隆样式的影响。相互的影响和联系对古希腊文明的发展起到促进作用。

雅典卫城是当时雅典城的宗教圣地，同时也是现在意义上的城市中心。它位于现在雅典城西南的小山岗上，山顶高于平地 70 ~ 80 米，东西长约 280 米，南北最宽处为 130 米。卫城中主要建筑有山门、胜利神庙、伊瑞克先神庙和雅典娜雕像。卫城中建筑和雕塑不遵循简单的轴线关系，而是因循地势建造，充分考虑了祭奠盛典的流线走向和观赏景观的效果。古希腊建筑追求与周边风景的联系与协调，追求完整的形式美感。在庙宇创建上，不太追求实用价值，而是以空间秩序的意识去寻求比例、安静的视觉和心理感受。在建筑技术上，希腊人发展了石结构的构建方法，在石材与结构的运用上达到前所未有的水平。在建筑的布局上，特别是庙宇建筑，建筑的平面多呈方形，梁架结构比较简单，运用坡顶，这一形体的建筑，逐步发展成为欧洲建筑的基本型。

古希腊的建筑家们在审美情趣和形式美感的追求上，显示出共同的风格倾向，具有高度统一的美学思想。这主要归结于他们一切从人的生活出发这一共同的审美思想和哲学观念。古希腊的艺术家们不仅在建筑上获得辉煌的成就，在陶器、服饰、武器、车船、家具等方面的设计上也为人类社会的发展做出了杰出的贡献。

（三）古罗马

古代西方罗马帝国达到了又一个辉煌的时代。战争使罗马帝国变得日益强大，其统治版图也在不断扩大。古罗马帝国在奴隶制国家历史中的成就格外辉煌。罗马帝国征服了当时其他一些强大国家，成为自古以来第一个最强大的帝国。随之与外界一些国家诸多方面的文化交流也不断加强，它的城市规划、建筑及其景观设计都比以往有了巨大的发展。罗马人借助希腊理性城市的规划思想，为自己后来建立秩序化城市奠定了基础。他们发明修建高架水渠，并飞越山岭，把水送到罗马的宫廷花苑之中。许多建筑和田园的景观设计，为罗马贵族后来奢华的生活方式和田园生活方式引导了设计原型。

罗马人不满足于已有的梁架结构形式，创造性地运用了天然混凝土——火山灰，发明了拱券的建筑方法，既增大了建筑的跨度，又为建筑的造型发展提供了方便。由于建筑技术的进步，罗马的城市景观呈现出成熟完美的面貌。在柱墩与拱券发挥强大结构支撑力量的同时，对柱子进行精心的雕饰，柱子与拱券又发展成连续券，其形体面貌看上去奢华、完美。古罗马人那些特有的严峻的民族主义气概在建筑上充分地体现出来，同时也反映出古罗马当时的生活水平和审美观念都已达到了很高的水准。其城市规划与建筑已达到了比较完美的程度，并发展成为古代文明史上的经典建筑景观。

古罗马时期，战争频繁，为了战争，他们修建了道路和雄伟的凯旋门，让得胜凯旋的将士们从门券中通过，以提高将士的威严和军队的士气。古罗马还出现过许多造桥的专家，他们建造的桥梁至今留在莱茵河上。古罗马的广场设计是它的城市建设的又一个重要内容，最初广场是以买卖和集市为主要功能的，逐渐发展成集中体现那个年代严整的秩序和宏伟气势的空间环境。并将柱廊、记功柱、凯旋门建于广场，将其装扮得富丽堂皇、宏伟气派。

（四）中世纪欧洲景观

欧洲的中世纪包含着广阔的地理区域和漫长的时间跨度。从公元 476 年西罗马帝国的没落到 15 世纪文艺复兴时代开始，是历史上著名的中世纪。

中世纪的城市中教堂是最主要的公共建筑，这些建筑充分体现了当时建筑的艺术成就，给人类社会留下了丰富的建筑技术和工艺成就。中世纪的城市建设因其国家和地域的不同而千差万别，但总体水平有了很大的发展，但城市与乡村的差别不是很大。中世纪的建筑所遵循的模式已超越了当时所处的社会，具有相当强的现代意识。建筑师在当时也具有较高的社会地位，他们已经意识到了某种标准化计量的优越性。1264年，法国的杜埃就颁布建筑用砖的法令，规定用砖必须面宽为 6 英寸 ×8 英寸。

中世纪建筑艺术的最高成就是哥特式风格的建筑。12 世纪后期产生的哥特式风格一直繁荣到 15 世纪，成为中世纪的主流风格。这种风格最初生成于法国北部，建筑师用交叉拱建造教堂拱顶的方法，有效地解决了教堂高度与自重之间的矛盾。他们用修长的立柱和细肋结构代替了原来厚重的墙体。巨大的空间、高耸的尖顶让人感受神威至上的精神。哥特式教堂在内部装饰上除雕刻外，还采用彩色玻璃窗画。并用铅锡合金做成的嵌条，在窗户上构成各种美丽的图案。

（五）文艺复兴时期的景观

文艺复兴运动是欧洲文化发展转变的重要时期，源于意大利佛罗伦萨的文艺复兴运动对于中世纪文化产生了巨大的冲击和变异，表面上看是一种在新形势下继承和利用古典文化掀起的新文化运动，实质却是资本主义萌芽带来的思想文化变革。文艺复兴唤醒了人们沉睡多年的创造精神，使欧洲进入了一个创造性的时期。它使艺术和工艺分离，设计与生产分离，使艺术与设计成为完全不同于纯手工艺的事物。

（六）巴洛克风格

巴洛克建筑和装饰的特点是外形自由，追求动感，喜好富丽的装饰、雕刻和强烈的色彩，常用穿插的曲线和椭圆形空间来表现自由的想象和营造神秘气氛。建筑看起来像大型雕塑，半圆形券、圆顶、柱廊充满精神祈求的外形成为其最显著的特征，巴洛克风格的建筑形体与装饰多采用曲线，使用夸张的纹饰，使其富有情感。巴洛克风格打破了文艺复兴晚期古典主义者制定的种种清规戒律，同时也反映出人们向往自由的世俗思想，到近代在法国、德国、英国巴洛克风格达到顶峰状态。

（七）法国的古典主义

16 世纪的法国正处于摆脱中世纪精神向古典主义转型的时期。法国位于欧洲大陆的西部，国土总面积约为 55 万平方公里，是西欧国土面积最大的国家。它大部分陆地为平原地貌，气候温和，雨量适中，是明显的海洋性气候。这样的地理位置和气候，为多种植物的生存繁衍提供了有利的条件，也为园林设计提供了丰富的素材。巴黎作为法国的政治、经济、文化中心，使法国所有的古典景观设计几乎都集中在这一带。文艺复兴运动和亨利四世同意大利马里耶·德梅迪斯的联姻，给法国文化带来了意大利文化的影响，为法国古典主义园林设计增添了营养，也使法国造园艺术发生了较大的变化。16 世纪上半叶，继英法战争之后，伐落瓦王朝的弗朗索瓦一世和亨利二世又发动了侵略意大利的战争，虽然他们的远征以失败告终，但却接触了意大利文艺复兴的文化，并深受意大利文化的影响，对造园艺术的影响表现在：花园里出现了雕塑、图案式花坛以及岩洞等造型，而且还出现了多层台地的格局，进一步丰富了园林的表现内容和表现形式。

16 世纪中叶，随着中央集权的加强，园林设计艺术有了新的变化。建筑表现形式呈现庄重、对称的格局，植物与建筑的关系也变得密切，园林布局以规则对称为主要构成方式，观赏性增强。规划设计从局部布置转向注重整体，提倡有序的造园理念，造园布局注重规则有序的几何构图，在植物要素的处理上，运用植物以绿墙、绿障、绿篱、绿色建筑等形式来表现，倡导人工美的表现。

四、近现代景观设计

近代景观设计起源于西方文明的思想变迁，从 16 世纪到 18 世纪，西方文明从封建专制走向自由资本主义。资本主义使世界性的商业交流变得频繁和方便，商贸交易使一些西方国家的经济得到迅速发展，随之而行的国家之间的文化交流也日渐增多。在景观设计方面突出表现为设计思想跨越了地域，文化间的相互交流与影响使景观设计向综合观念发展。这个时期在景观设计领域出现了很多学派：“欧陆学派”“中国学派”“英国学派”等都产生于这一时期，这些学派的产生也是相互交流、相互影响的结果。这个时期具有影响力的是法国的景观设计，其主要案例是凡尔赛宫苑和图勒瑞斯的扩建，同时也将景观设计的要素穿插到城镇规划和城市空间设计中，这对“欧陆学派”的形成有决定性影响。整个 18 世纪法国和意大利的几何式规划设计风格，对欧洲的景观设计都有决定性的影响。法国人强调空间的组织性和整体性，讲究主次分明，这种规划秩序的观念对以后的城镇规划设计产生了很大的影响。这一时期中国的景观对于欧洲的影响主要是园林和建筑及其布局，其表现手法和表现形式被广泛采用，中国文化的介入对欧洲景观设计产生了不可忽视的影响，但对于中国园林的设计理念，欧洲人并没有真正理解，这与文化的基础和对其价值内容的认同有直接的原因。“英国学派”的审美意识则充分表现出英国人热爱自然的自由主义倾向，它的具体表现体现在注重人与自然的关系，讲求环境空间优化设计，结合地形地貌的变化，将建筑、农场、植物等与自然环境相结合，构成一幅幅画一般的景象，将实用场所升华到艺术氛围。英国式自然风景园林的兴起和发展，加速了英国景观从古典主义向浪漫主义的转化。这些学派的形成与发展，对欧洲景观设计的发展产生了很大影响。

这个时期的欧洲民族意识已完全取代了君王意志，这期间经济和文化的交流打破了保守的古典设计风格，来自世界各地不同风格的景观设计相互影响。植物品种的相互引入，促使欧洲的景观设计呈多元化趋势迅速发展，特别是建筑风格设计多样性的表现尤为突出，除去欧式的传统风格建筑外，埃及式、印度式和受日本影响开创的英国都市花园风格等，同时登上欧洲建筑舞台；另外欧洲不同流派的画家对景观设计的理解、对景观设计观念的改变也有较大的促进作用。

19 世纪，西方国家城市工业化的迅速发展，使社会结构发生了重大变革，工业革命和科技的发展，促进了现代建筑景观的产生与发展，人们的思想和生活态度也发生了重大变化，对传统体制的反叛思想逐渐滋生和发展，改变旧的生活观念、行为方式和生活态度逐步成为行为主流。城镇建设迅速向郊区发展，大片土地被开发为工业用地，城市不断向现代化、巨大化迈进。这种变化在给社会发展和人民的生活带来诸多方便的同时，也带来了许多负面的效应，工业化不但迅速恶化了人与自然的关系，也淡化了人与人之间的情感，生态环境迅速恶化，人口爆炸、资源缺乏、各种污染加剧，使人类自身的生存和延续受到前所未有的威胁，环境问题不断出现，并且日趋严峻。现实环境中能够与自然融为一体的环境越来越少，人们对多一些“自然”的生存环境与空间充满向往。

当代科学技术的飞速进步，为城市建设带来了丰富的建筑材料和几乎无所不能的技术手段，技术的进步导致设计发生了根本性的变革；新型材料的出现，如混凝土、金属、玻璃等建材，使建筑观念和建筑形式得到彻底的改变。1851 年在英国伦敦出现的用钢和玻璃建造的水晶宫，把高科技用于建筑的构想变成了现实。新材料、新技术的运用也为城市规划和景观设计带来了新的表现思路和表现方法。各种各样的金属材料，如钢、不锈钢、镀锌钢、铝和各种合金，各种各样的合成材料为创新环境提供了丰富的质感和色彩。当玻璃发展成为一种可以用来承重的材料时，它的运用方式有了革命性的变化，新材料的应用也意味着新结构形式的产生。金属材料的运用使建筑跨度加大，表现形式愈加丰富，新颖的结构方式使建筑以全新的视觉形象出现。观念的改变使设计者对传统材料的运用也有了全新的表达方式，新的结构美学代替了古典的装饰美学。新技术的运用不仅降低了成本，而且开拓了景观设计的无限可能性。

21 世纪的城市环境设计，将会在以人文和科技领先的设计理念基础上来进行。它给我们带来的不仅仅是一些新材料、新科技的展示，而且是集生态学、心理学、社会学、设计学、环境保护、美学、材料学等学科为一体的整体优化的系统设计，将给追求健康、环保、美丽、和谐的未来社会带来更高品质的视觉感受。

（一）现代化的城市景观

城市是人类社会文明和文化发展的重要标志，任何一个国家都会有几座各方面都比较发达的城市作为国家形象的标志。城市作为人类文明的载体，既积聚了物质和经济，又积聚了文化和艺术。实现城市现代化是城市发展的必然过程，是城市的品质和发展质量方面进步和提高的过程；城市现代化的建设是城市经济高效益化、城市社会文明化、城市环境优质化和城市管理科学化的系统集合；也是现代人追求现代生活的需求。城市现代化给人最直接的视觉感受是景观功能和表现形式的变化，突出表现在规划和建筑技术和风格的变化上。老城市的格局与功能、规模等都已经不适合现代化城市建设的发展要求，所以必须进行改进或重建，这个过程中对许多问题的讨论、探求、争议等一直都十分激烈，至今也没有形成一种主导意见和表现形式可以作为主流设计思想。这恐怕会成为一个长期研究的题目，毕竟社会是不断发展的，新问题会不断出现，并且是呈多元化发展趋势的。城市现代化在给人类带来许多益处的同时，也带来一系列严重的环境问题。城市的特点表现为拥挤、喧闹、污染和紧张。城市建设的主要矛盾表现为经济与文化在发展过程中的冲突，特别是经济建设对城市中的自然生态景观、人文景观等在存留与保护方面造成的极大影响甚至破坏。如何进行现代化的城市建设，是一个需要长期不断探索和研究的重要课题，在这当中有一点必须长期坚守，就是城市现代化建设必须是在科学、文化、系统规划指导下进行城市景观建设，坚持以延续文明为目的的环境设计。如果一味追求高科技和多元化发展，城市会变成没有生气的商业机器。

城市现代化建设在当今时代要求体现生态的作用。生态科技的发展是应对环境不断恶化而采取的手段，也是促进现代景观设计进步的重要动力，发展生态所带来的新技术，是促使目前景观面貌改变的重要因素之一。许多景观设计利用现代生态科技成果，运用当代工程技术，不仅赋予景观设计以新型环境空间，带来新的表现语言和视觉感受，还带来了生态保护和发展的成果。在现代化城市建设与发展过程中，坚持优化景观生态、科学系统、长期有效地使城市保持生机，是城市建设的基本原则。具体操作上，要从区域地质地理环境背景的演变出发，探讨区域条件下的自然生态与景观特征，运用景观生态学、城市规划和环境科学原理，进行整体化的区域景观生态规划，从整体上改善、优化城市景观生态，生态保护与生态建设并举。充分考虑环境的承载能力和景观生态的适宜性，使之合乎自然发展规律，健康、和谐、长久、系统地良性发展。

（二）现代建筑设计

现代建筑设计的发展依赖于思想革命，是生存观念上的巨大突破，标志着新的经济模式和新的生活态度。现代设计追求个性表现、追求科技与形式和功能的表现，突出主观理念的表达，把建筑设计艺术推向一个新的历史阶段。现代主义建筑思潮主要是指产生于19世纪后期到20世纪中叶，在世界建筑潮流中占据主导地位的一种建筑思想。现代主义企图建立一种新的审美秩序，在建筑设计上不仅体现在材料和技术的应用上，在各个方面都力图以全新的理念彻底打破传统的理念和秩序。这种建筑的风格具有鲜明的理想主义和激进主义色彩，被称为现代派建筑。现代主义建筑思想坚定主张建筑要脱离传统形式的束缚，坚持创建适应工业化社会条件和要求的新型建筑。

现代主义建筑提倡和探求新的建筑美学原则，其中包括表现手法和建造手段的统一；建筑形体和内部功能的配合；建筑形象的逻辑性；灵活均衡的非对称构图；简捷的处理手法和纯净的体形；在建筑艺术作品中吸取视觉艺术的新成果，拒绝装饰的东西。

19 世纪末 20 世纪初，西方文化思想发生了巨大动荡。这种社会背景下的德国和法国成为当时建筑思潮最活跃的国家。德国格罗皮乌斯、密斯 · 范德罗、法国勒 · 柯布西耶三位建筑师，成为主张全面改革建筑的杰出代表人物。1923 年勒 · 柯布西耶发表《走向新建筑》，提出比较激进的改革建筑设计的主张和理论，并于 1927 年在德国斯图加特市举办展示新型住宅设计的建筑展览会。1928 年各国新派建筑师成立国际现代建筑会议的组织，到 20 年代末，一种符合工业化社会建筑需要与条件的建筑理论渐渐形成，这就是所谓的现代主义建筑思潮。

格罗皮乌斯、勒 · 柯布西耶、密斯 · 范德罗等人在这个时期设计建造了一些具有现代风格的建筑。其中影响较大的有格罗皮乌斯的包豪斯校舍，勒 · 柯布西耶的萨伏伊别墅、巴黎瑞士学生宿舍和他的日内瓦国际联盟大厦设计方案，密斯 · 范德罗的巴塞罗那博览会德国馆等。这些现代感很强的建筑设计在当时产生了极大的影响，在言论和作品设计中他们都提倡“现代主义建筑”，强调建筑要随时代发展，要同工业化社会相适应，并采用新材料和新结构进行建筑设计，充分发挥材料及结构的特性，深入研究和解决建筑的实用功能和经济问题，发展和运用新的建筑美学，创新建筑风格。他们研究的理论和实践作品，对世界建筑的发展产生了深刻影响。现代主义建筑思潮本身包括多种流派，各家的侧重点并不一致，创作也各有特色。20 世纪 20 年代格罗皮乌斯、勒 · 柯布西耶等人所发表的言论和设计作品主要包括以下基本特征：

1. 强调建筑随时代发展变化，现代建筑应同工业时代相适应。
2. 强调建筑师应研究和解决建筑的实用功能与经济问题。
3. 主张积极采用新材料、新结构，促进建筑技术革新。
4. 主张坚决摆脱历史上建筑样式的束缚，放手创造新建筑。
5. 发展建筑美学，创造新的建筑风格。

现代建筑在发展过程中，在许多方面受技术和经济的影响比较大，它的物质基础也得益于科技和工业化的发展，由于科学技术的发展已经渗透到规划设计、建筑设计以及人们日常生活的各个方面，所以直接影响着建筑设计的发展。建筑作为景观，它的科技含量越高，越能体现其设计的现代意识，高新技术成果的利用程度，也将会成为评价现代建筑和环境设计艺术的重要标志之一。运用现代科学技术来拓展人们多层次的生活空间，为环境设计实现人性化提供了极大的方便。现代建筑设计的发展也带来了新问题，比较集中突出的问题表现在，它逐步切断了与传统文脉的联系，放弃了人与历史和传统的关联，加大了人与人之间的距离。

（三）后现代主义建筑设计

后现代主义建筑思潮是对 20 世纪 70 年代以后，修正或背离现代主义建筑观点和原则倾向的统称。现代主义建筑思潮在 20 世纪 50 ～ 60 年代达到高潮。1966 年美国建筑师文丘里发表著作《建筑的复杂性和矛盾性》，明确提出了种种同现代主义建筑原则相反的论点和创作主张。如果说 1923 年出版的勒 · 柯布西耶的《走向新建筑》是现代主义建筑思潮的一部经典性著作，那么《建筑的复杂性和矛盾性》可以说是后现代主义建筑思潮的最重要的纲领性文献。他的言论对启发和推动后现代主义运动，有着极其重要的推动作用。文丘里批评现代主义建筑师们只热衷于革新，而忘记了自己应是“保持传统的专家”。文丘里提出的保持传统的具体做法是“利用传统部件和适当引进新的部件组成独特的总体”“通过非传统的方法组合传统部件”。他主张吸取民间建筑的创作手法，推崇美国商业街道上自发形成的建筑环境。文丘里概括地说：“对艺术家来说，创新可能就意味着从旧的现存的东西中挑挑拣拣。”这成为后现代主义建筑师的基本创作方法。到 20 世纪 70 年代，建筑界反对和背离现代主义的倾向更加强烈。

对于什么是后现代主义，什么是后现代主义建筑的主要特征，人们并没有一致的主张和理解。后现代主义没有明确的宣言和统一的设计风格，也没有一种固定的设计形式和统一的设计程序。美国建筑师斯特恩提出后现代主义有三个特征：①采用装饰。②具有象征性或隐喻性。③与现有环境融合。后现代主义并不否定现代主义。它的基本结构特征是消除差异，表现为一种比较混杂折中的设计语言，用以改变现代主义单一贫乏的设计面貌。后现代主义从某种意义上讲，应该说是对现代主义的继承和发展，是更加关注与人的感性需求直接相关的设计形式，在一定程度上它排斥现代主义只重理性与结构，以及缺乏人性和多样性的设计形式，是对其进行的补充和发展。在形式问题上，后现代主义者搞的是新的折中主义和手法主义，是表面的东西。在建筑表现形式方面突破了常规，其作品带有启发性。

后现代建筑从 20 世纪 70 年代进入高潮，以这种设计形式构建的作品在世界各发达国家的城市中普遍出现，其中具有代表性的建筑要数澳大利亚的悉尼歌剧院和法国的蓬皮杜文化艺术中心。悉尼歌剧院是丹麦设计师约伦 · 伍重（iron utzon) 设计的。整个建筑外观像一组形式感很强的雕塑，其创意灵感有的说来自风帆，有的说来自剥开的贝壳的启示。整个建筑由建筑群组成，洁白的外装材料在大海和蓝天的衬托下亲切而壮观，建筑群的最大特点是它的莲瓣形薄壳屋顶，俯瞰全岛，共有大小三组这样的结构，最大一组是音乐厅，其次是歌剧厅。在它的左侧，也是前一后三的结构，但规模略小。就设计形式而言，歌剧院独特的艺术形象及表现形式使它的个性非常突出，节奏感非常强。作为后现代建筑的代表，它阐明了一种新的环境设计思想和表现方法。

法国蓬皮杜国家文化艺术中心，作为现代主义发展的产物，从另一角度显示出后现代建筑多元性的特点，这件作品极力运用当代高科技手段，用夸张的表现形式和晚期现代空间表现的艺术手法，将原本隐匿的结构与构造有意显露，结合材料特性和质感塑造外观形象，这是以往建筑所不曾有过的外观表现形式。设计师曾这样表述过自己的作品，“这幢房屋既是一个灵活的容器，又是一个动态的交流机器。它是由高质量的材质制成，它的目标是要直截了当地贯穿传统文化艺术惯例的极限，而尽可能地吸引最多的群众”。在设计与表现形式上，建筑师刻意把建筑的内部结构充分暴露在建筑的外观上，设备、设施都显露在建筑外观上，是建筑表现的一个创举。主立面布满了五颜六色的管道：红色代表交通系统，绿色代表供水系统，蓝色代表空调系统，黄色代表供电系统，背立面是交错的玻璃管道，内部是自动电梯。这种设计方法，完全打破了传统建筑观念的束缚，把一个文化艺术设施变成了人们观念中的一座工厂，或一台机器的形象。这件作品发展了以结构形式、建筑设备、材料质感、光影造型等为表现内容的美学法则，引起了巨大的争议，这件作品的创造，充分说明了多元化设计存在的必要性。

当代建筑的主要特征是有意与传统决裂，追求新异的形态和技术美感的表现，寻求新的美感和秩序，是追求和探索的过程，也是社会进步和发展的必然。

西方现代景观设计的发展，为探索和确定新时期景观设计的审美观念，起到了奠定基础和推动探索的重要作用。现代城市景观设计要求既保护好文化遗产，又要传承好文化脉络。它要求城市的文化底蕴显现，不能只是在历史典籍中寻找，要充分体现在现存的古迹、建筑、风土人情、自然遗产等方面的利用与保护之中。将城市中已经存在的内容最大限度地融入城市整体建设之中，使之成为现代化城市的有机内涵，尽可能把科学技术与现代文化和本土文化融合在一起。既不排除吸收外来文化，又要尽量挖掘本土文化的精华，加以提炼和继承，增强城市景观的文脉性，领悟地域文化的重要性。

第四节　生态景观艺术设计的要素

一、地形地貌

（一）概念

地形地貌是景观设计最基本的骨架，是其他要素的承载体。在景观设计中所谓的“地形”，实指测量学中地形的一部分——地貌，我们按照习惯称为地形地貌。简单地说，地形就是地球表面的外观。就风景区范围而言，地形包括以下较为复杂多样的类型，如山地、江河、森林、高山、盆地、丘陵、峡谷、高原以及平原等，这些地表类型一般称为“大地形”；从园林范围来讲，地形包含土丘、台地、斜坡、平地等，这些地表类型一般称为“小地形”；起伏较小的地形称为“微地形”；凸起的称为“凸地形”，凹陷的称为“凹地形”。所以对原有地形的合理使用（利用或改造地形），在没有特殊需求的情况下，尽量保持原有场地，这样会减少土方工程，从而降低工程造价，使自然景观不被破坏，这也是对地形地貌的最佳使用原则。

（二）功能作用

地形地貌在景观设计中是不可或缺的要素，因为景观设计中的其他要素都在“地”上来完成，所以它发挥着较为重要的作用，体现在以下几方面。

1. 分隔空间

利用地形不同的组合方式来创造和分隔外部空间，使空间被分割成不同性质和不同功用的空间形态。空间的形成可通过对原基础平面进行土方挖掘，以降低原有地平面高度；或在原基础平面上增添土石等进行地面造型处理；或改变海拔高度构筑成平台或改变水平面，这些方法中的多数形式对构成凹面和凸地地形都是非常有效的。

2. 控制视线

地形的变化对于人的视线有“通”和“障”的作用与影响，通过地形变化中空间走向的设计，人们的视线会沿着最小阻碍的方向通往开敞空间，对视线有“通”的引导作用与影响。利用填充垂直平面的方式，形成的地形变化能将视线导向某一特定区域，对某一固定方向的可视景物和可视范围产生影响，形成连续观赏或景观序列，可以完全封闭通向不悦景物的视线，为了在环境中使视线停留在某一特殊焦点上，视线两侧的较高地面犹如视野屏障，封锁住分散的视线，起到“障”的作用，从而使视线集中到景物上。苏州拙政园入口处就利用了凸地形的作用来屏障人的视线，从而起到了欲扬先抑的作用。

3. 改善小气候

地形的凹凸变化对于气候有一定的影响。从大环境来讲，山体或丘陵对于采光和遮挡季风有很大的作用；从小环境来讲，人工设计的地形变化同样可以在一定程度上改善小气候。从采光方面来说，如果为了使某一区域能够受到阳光的直接照射，并使该区域温度升高，该区域就应使用朝南的坡向，反之使用朝北的坡向。从风的角度来讲，在做景观设计时要根据当地的季风来进行引导和阻挡，地形的变化，如凸面地形、高地、土丘等，可以用来阻挡刮向某一场所的季风，使小环境所受的影响降低。在做景观设计时，要根据当地的季风特征来进行引导和阻挡。

4. 美学功能

地形的形态变化对人的情感生成有直接的影响。地形在设计中可以被当作布局和视觉要素来使用。在现代景观设计中，利用地形变化表现其美学思想和审美情趣的案例很多。凸地形、凹地形、微地形，不同的地形给人以不同视觉感受，同时产生审美功能。

（三）地形地貌的设计原则

地形地貌的处理在景观规划设计中占有主要的地位，也是最为基础的，即地形地貌地处理好坏直接关系到景观规划设计的成功与否。所以我们在理解了地形地貌在景观规划设计中的功能作用基础上，应了解地形地貌的设计原则。

地形设计的一个重要原则是因地制宜，巧妙利用原有的地形进行规划设计，充分利用原有的丘陵、山地、湖泊、林地等自然景观，并结合基地调查和分析的结果，合理安排各种用地坡度的要求，使之与基地地形条件相吻合。如亭台楼阁等建筑多需高地平坦地形；水体用地需要凹地形；园路用地则要随山就势。正如《园冶》所论："高方欲就亭台、低凹可开池沼"，利用现状地形稍加改造即成自然景观。另外地形处理必须与景园建筑景观相协调，以淡化人工建筑与环境的界限，使建筑、地形、水体与绿化景观融为一体。如苏州拙政园梧竹幽居景点的地形处理非常巧妙。

二、植物

景观设计中的唯一具有生命的要素，那就是植物，这也是区别其他要素的最大特征，这不仅体现在植物的一年四季的生长，还体现在季节的更替、季相的变化等。所以植物是一种宝贵的财富，合理地开发、利用和保护植物是当前的主要问题。

（一）植物的作用

1. 生态效益

植物是保护生态平衡的主要物质环境，既能给国家带来长远的经济效益，又会给国家带来良好的自然环境。植被在景观生态中发挥的作用非常明显，可以改善城市气候、调节气温、吸附污染粉尘、降音减噪、保护土壤和涵养水源，夏天免受阳光的暴晒，冬天，阳光能透过枝干给予人们一点温暖。植物叶片表面水分的蒸发和光合作用能降低周围空气的温度，并增加空气湿度。在我国西北地区风沙较大，常用植物屏障来阻挡风沙的侵袭，作为风道又可以引导夏季的主导风。具有深根系的植物、灌木和地被等植物可作为护坡的自然材料，保持水土不被破坏。在不同的环境条件下，选择相应的植物使其生态效益最大化。

2. 造景元素

植被通过合理配置用于造景设计，给人们提供陶冶精神、修身养性、休闲的场所。

植物材料可作为主景和背景。主景可以是孤植，也可以丛植，但无论怎样种植，都要注重其作为主体景观的姿态。作为背景材料时，应根据它衬托的景观材质、尺度、形式、质感、图案和色彩等决定背景材料的种类、高度和株行间距，以保证前后景之间既有整体感又有一定的对比和衬托，从而达到和谐统一。另外植物本身还有季相变化，用植物陪衬其他造园题材，如地形、山石、水系、建筑等，构建有春夏秋冬四时之景，能产生生机盎然的画面效果。

3. 引导和遮挡视线

引导和遮挡视线是利用植物材料创造一定的视线条件来增强空间感，提高视觉空间序列质量。视线的引与导实际上又可看作景物的藏与露。根据构景的方式可分为借景、对景、漏景、夹景、障景及框景几种情况，起到“佳则收之，俗则屏之”的作用。

4. 其他作用

植物材料除了具有上述的一些作用外，还具有柔化建筑生硬呆板的线条，丰富建筑外观的艺术效果，并作为建筑空间向景观空间延伸的一种形式。对于街角、路两侧不规则的小块地，用植物材料来填充最为适合。充分利用植物的“可塑性”，形成规则和不规则，或高或低变化丰富的各种形状，表现各种不同的景观趣味，同时还增加了环境效益。

（二）植物配置形式

植物配置是根据植物的生物学特性，运用乔木、灌木、藤本及草本植物等材料，通过科学和艺术手法加以搭配，充分发挥植物本身的大小、形体、线条、色彩、质感和季相变化等自然美。植物配置按平面形式分为规则式和不规则式两种，按植株数量分为孤植、丛植、群植几种形式。

1. 按平面形式

（1）规则式。适用于纪念性区域、入口、建筑物前、道路两旁等区域，以衬托严谨肃穆整齐的气氛。规则式种植一般有对植和列植。对植一般在建筑物前或入口处，如柏、侧柏、雪松、大叶黄杨、冬青等；列植主要用于行道树或绿篱种植形式。行道树一般选用树冠整齐、冠幅较大、树姿优美、抗逆性强的，如悬铃木、马褂木、七叶树、银杏、香樟、广玉兰、合欢、榆、松、杨等树种；绿篱或绿墙一般选常绿、萌芽力强、耐修剪、生长缓慢、叶小的树种。

（2）不规则式。又称为自然式，这种配置方式是按照自然植被的分布特点进行植物配置，体现植物群落的自然演变特征。在视觉上有疏有密，有高有低，有遮有敞，植物景观呈现出自然状态，无明显的轴线关系，主要体现的是一种自由、浪漫、松弛之美感。植物景观非常丰富，有开阔的草坪、花丛、灌丛、遮阴大树、色彩斑斓的各类花灌木，游人散步可经过大草坪，也可在林下小憩或穿行在花丛中赏花。因此，可观赏性高，季相特征十分突出，真正达到“虽由人作，宛自天开”的效果。

2. 按植株数量

（1）孤植。常选用具有体形高大雄伟、姿态优美、冠大浓荫、花大色艳芳香、树干奇特或花果繁茂等特征的树木个体，如银杏、枫树、雪松、梧桐等。孤植树多植于视线的焦点处或宽阔的草坪上、庭园内、水岸旁、建筑物入口及休息广场的中部位置等，引导人们的视线。

（2）丛植。树木较多，少则三五株，多则二三十株，树种既可相同也可不同。为了加强和体现植物某一特征的优势，常采用同种树木丛植来体现群体效果。当用不同种类的植物组合时，要考虑生态习性、种间关系、叶色和视觉等方面的内容，如喜光宜在上层或南面，耐阴种类植于林下或栽种在群体的北面。丛植常用于公园、街心小花园、绿化带等处。

（3）群植。自然布置的人工栽培模拟群落。一般用于较大的景观中，较大数量的树木按一定的构图方式栽在一起，可由单层同种组成，也可由多层混合组成。多层混合的群体在设计时也应考虑种间的生态关系，最好参照当地自然植物群落结构，因为那是经过大自然法则而存留下来的。另外，整个植物群体的造型效果、季相色彩变化和疏密变化等也都是群植设计中应考虑的内容。

以上所述的植物配置形式，往往不是孤立使用的。在实践中，只有根据具体情况，由多种方法配合运用，才能达到理想效果。

（三）植物配置原则

1. 多样化

多样化的一层含义是植物种类的多样化，增加植物种类能够提高城市园林生态系统的稳定性，减少养护成本与使用化学药剂对环境的危害，同时涵盖足够多的科属，有观花的、观叶的、观果的和观干的等植物，将它们合理配置，体现明显的季节性，达到春花、夏荫、秋色、冬姿，从而满足不同感官欣赏的需求。另一层意思是园林布局手法的丰富多彩以及植物种植方式的变化。如垂直绿化、屋顶花园绿化等，不仅能增加建筑物的艺术效果，更加整洁美观，而且占地少、见效快，对增加绿化面积有明显的作用。

2. 层次化

层次化是充分发挥园林植物作用的客观要求，是指植物种植要有层次、有错落、有联系，要考虑植物的高度、形状、枝叶茂密程度等，使植物高低错落有致，乔木、灌木、藤本、地被、花卉、草坪配置有序，常绿植物、落叶植物合理搭配，不同花期的种类分层配置，不同的叶色、花色，不同高度的植物搭配，使色彩和层次更加丰富。

3. 乡土化

乡土化是植物配置的基础。乡土化一方面是指树种乡土化，另一方面是景观设计体现乡土特色。乡土树种是指本地区原产的或经过长期栽培已经证明特别适应本地区生长环境的树种，能形成较稳定的具有地方特色的植物景观。乡土化就是以它们为骨干树种，通过乡土植物造景反映地方季相变化，重要的是管理方便，养护费用低。乡土化使每个城市都有自己特别适合的树种或景观风格，如果各地都一阵风建大草坪、大广场，那城市的特点就没了，给人以千篇一律的面貌。因此，乡土化就是因地制宜、适地适树、突出个性，合理选择相应的植物，使各种不同习性的景观植物，与之生长的土地环境条件相适应，这样才能使绿地内选用的多种景观植物，正常健康地生长，形成生机盎然的景观效果。

4. 生态化

城市景观设计生态化的目的是改善生态环境、美化生态环境，增进人民身心健康。所以如何在有限的城市绿地面积内选用更能改善城市生态环境的植物和种植方式，是植物配置中必须考虑的问题。随着城市生态景观建设的不断深入，应用植物所营造的景观应该既是视觉上的艺术景观，也是生态上的科学景观。首先城市景观应以树木为主，不能盲目种大面积的草坪，因为树木生态效益的发挥要比草坪高得多，再就是草坪后期养护费用高。其次城市景观绿化在植物的选择上要做到科学搭配，尽量减少形成单一植物种类的群落，注意常绿和落叶树种的搭配，使具有不同生物特性的植物各得其所。

综上所述，在进行植物配置时，综合以上几个原则，做到在空间处理上植物种类的搭配高低错落，结构上协调有序，充分展示其三维空间景观的丰富多彩性，达到春季繁花似锦，夏季绿树成荫，秋季硕果累累，冬季银装素裹。

三、主次林荫道

林荫道在传统城市规划里充当着非常重要的角色，它不仅具有吸尘、隔音、净化空气、遮阳、抗风等作用，而且林荫道自身的形态空间也是一条美丽的风景线，它两边对称的植物所形成的强烈的透视效果具有戏剧性的美感与特色。对于林荫道的设计，最重要的一点就是不同区段的变化，而且每个区段要体现自身的特点，如色彩、密度、质感、形态、高低错落等，都要予以充分的重视，以充分体现景观内涵。

四、道路铺装

道路不仅是联系各区域的交通路径，而且通过不同形式的铺装使道路在景观世界里也起到增添美感的作用。道路的铺装不仅给人以美观享受，还有交通视线引导作用

（包括人流、车流），而且蕴含着丰富的文化艺术功能，如使用“鹿”“松”“鹤”“荷花”象征长寿、富贵等吉祥的图案，在中国古典园林中的铺装中寓意表现极为丰富。因此设计者应该根据场地类型、功能需求和使用者的喜好等因素来考虑使用哪一种铺装形式。所以要做好铺装设计首先要了解铺装的作用和它的形式等内容。

（一）道路铺装作用

人们的户外生活是以道路为依托展开的，所以地面铺装与人的关系最为密切，它所构成的交通与活动环境是城市环境系统中的重要内容，道路铺装景观也就具有交通功能和环境艺术功能。最基本的交通功能可以通过特殊的色彩、质感和构形加强路面的可辨识性、分区性、引导性、限速性和方向性等。如斑马线、减速带等。环境艺术功能通过铺装的强烈视觉效果起着提供划分空间、联系景观以及装饰美化景观等作用，使人们产生独特的激情感受，满足人们对美感的深层次心理需求，营造适宜人的气氛，使街路空间更具人情味与情趣，吸引人们驻足进行各种公共活动，从而使街路空间成为人们利用率较高的城市高质量生活空间。

（二）铺装表现形式要素

景观设计中铺装材料很多，但都要通过色彩、纹样、质感、尺度和形状等几个要素的组合产生变化，根据环境不同，可以表现出风格各异的形式，从而造就了变化丰富、形式多样的铺装，给人以美的享受。

1. 色彩

色彩是心灵表现的一种手段，前文讲过，一般认为暖色调表现为热烈、兴奋，冷色调表现为素雅、幽静。明快的色调给人清新愉悦之感，灰暗的色调则给人沉稳宁静之感。因此在铺装设计中有意识地利用色彩变化，可以丰富和加强空间的气氛。如儿童游乐场可用色彩鲜艳的铺装材料，符合儿童的心理需求。另外在铺装上要选取具有地域特性的色彩，这样才可充分表现出景观的地方特色。

2. 纹样

在铺装设计中，纹样起着装饰路面的作用，以它多种多样的图案纹样来增加景观特色。

3. 质感

质感是由于人通过视觉和触觉而感受到的材料质感。铺装的美，在很大程度上要依靠材料质感的美来体现。这样不同的质感创造了不同美的效应。

五、水景设计

水具有流动、柔美、纯净的特征，成为很好的景观构成要素。“青山不改千年画，绿水长流万古诗”道出了水体景观的妙处。水有较好的可塑性，在环境中的适应性很强，无论春、夏、秋、冬均可自成一景。水是所有景观设计元素中最具独特吸引力的一种，它带来动的喧嚣、静的平和、韵致无穷的倒影。

（一）水体的形态

水景设计中水有“静水”“动水”“跌水”“喷水”四种基本形式。静态的水景，平静、幽静、凝重，其水态有湖、池、潭、塘及流动缓慢的河流等。动态的水景，明快、活泼、多彩、多姿，以声为主，形态也丰富多样，形声兼备；动态水景的水态有喷泉、瀑布、叠水、水帘、溢流、溪流、壁泉、泄流、间歇流、水涛，还有各色各样的音乐喷泉等。

水在起到美化作用的同时，通过各种设计手法和不同的组合方式，如静水、动水、跌水、喷水等不同的设计，把水的精神表达出来，给人以良好的心理享受和变幻丰富的视觉效果。加之人具有天生的亲水性，所以水景设计常常成为环境设计中的视觉焦点和活动中心。

（二）理水的手法

1. 景观性

水体本身就具有优美的景观性，无色透明的水体可根据天空、周围景色的改变而改变，展现出无穷的色彩；水面可以平静而悄无声息，也可以在风等外力条件下变化异常，静时展现水体柔美、纯净的一面，动时发挥流动的特质；再通过选用与水体景观相匹配的树种，会创造出更好的景观效果。

2. 生态性

水景的设置，一定要遵循生态化原则，即首先要认清自然提供给我们什么，又能帮助我们什么，我们又该如何利用现有资源而不破坏自然的本色。比如还原水体的原始状态，发挥水体的自净能力，做到水资源的可持续利用，达到与自然的和谐统一，体现人类都市景观与自然环境的相辅交融。

3. 文化性

首先要明确水景是公众文化，是游人观赏、休闲和亲近自然的场所。所以要尽量使人们在欣赏、放松的同时，真正体会到景观文化的重要性，进而达到人们热爱自然、亲近自然、欣赏自然的目的。水景设计应避免盲目的模仿、抄袭和缺乏个性的做法。要体现地方特色，从文化出发，突出地区自身的景观文化内涵。

4. 艺术性

不同的水体形态具有不同的意境，通过模拟自然水体形态，如跌水，在阶梯形的石阶上，水泄流而下；瀑布，在一定高度的山石上，水似珠帘，成瀑布而落；喷泉，在一块假山石上，泉水喷涌而出等水景，从而创造出“亭台楼阁、小桥流水、鸟语花香”的意境。另外可以利用水面产生倒影，当水面波动时，会出现扭曲的倒影，水面静止时则出现宁静的倒影，水面产生的倒影，增加了园景的层次感和景物构图艺术完美性。

如苏州的拙政园小飞虹，设计者把水的倒影利用得淋漓尽致。

（三）水景设计应注意的问题

1. 与建筑物、石头、雕塑、植物、灯光照明或其他艺术品组合相搭配，会起到出人意料的理想效果。

2. 水容易产生渗漏现象，所以要考虑防水、防潮层、地面排水的处理设计。

3. 水景要有良好的自动循环系统，这样才不会成为死水，从而避免视觉污染和环境污染。

4. 对池底的设计容易忽略。池底所选用的材料、颜色根据水深浅不同会直接影响到观赏的效果，所产生的景观也会随之变化。

5. 注意管线和设施的隐蔽性设计，如果显露在外，应与整体景观搭配。寒冷地区还要考虑结冰造成的问题。

6. 安全性也是不容忽视的。要注意水电管线不能外漏，以免发生意外。再有就是根据功能和景观的需求控制好水的深度。

第五节　生态现代景观艺术设计观

现代景观的设计观是景观设计中的一种指导思想或设计思路，通过设计观的运用，将主观上想要达到的一种效果客观地体现在设计场地中，以便形成各种合理的、舒适的、个性的、对立统一的、有文化底蕴的、给人以美感的空间环境。现代景观的设计必须遵循下列设计观。

一、人性设计观

现代景观设计的最终目的是要为人创造良好的生活和居住环境，所以景观设计的焦点应是人，这个“人”具有特殊的属性，不是物理、生理学意义的人，而是社会的人，有着物理层次的需求和心理层次的需求，这也是马斯洛理论提出的。因此人性设计观是景观设计最基本的原则，它会最大限度地适应人的行为方式，满足人的情感需求，使人感到舒适。

这是人的基本需要，包括生理和安全需要。设计时要根据使用者的年龄、文化层次和喜好等自然特征，如老年人喜静、儿童好动来划分功能区，以满足使用者不同的需求。人性设计观体现在设计细节上更为突出，如踏步、栏杆、坡道、座椅、人行道等的尺度问题，材质的选择等是否满足人的物理层次的需求。近年来，无障碍设计得到广泛使用，如广场、公园等公共场所的入口处都设置了方便残疾人的轮椅车上下行走及盲人行走的坡道。但目前我国景观设计在这方面仍不够成熟，如一些公共场所的主入口没有设坡道，这样对残疾人来说，极其不方便，要绕道而行，更有甚者就没有设置坡道，这也就更无从谈起人性化设计观了。另外，在北方景观设计中，供人使用的户外设施材质的选择要做到冬暖夏凉，这样才不会失去设置的意义。

二、生态设计观

随着高科技的发展，全球生态环境日益被破坏，人类要想生存，必然重视它所带来的后果，怎样使对环境的破坏影响降到最小，成为景观设计师当前最为重要的工作。生态设计观是直接关系到环境景观质量的非常重要的一个方面，是创造更好的环境、更高质量和更安全的景观的有效途径。但现阶段在景观设计领域内，生态设计的理论和方法还不够成熟，一提到生态，就认为是绿化率达到多少，实际上不仅仅是绿化，尊重地域自然地理特征和节约与保护资源都是生态设计观的体现。另外也不是绿化率高了，生态效益就高了那么简单。现在有些城市为了达到绿化率指标，见效快，大面积铺设草坪，这不仅耗资巨大，养护成本费用高，而且生态效益要远比种树小。所以要提高景观环境质量，在做景观设计时就要把生态学原理作为其生态设计观的理论基础，尊重物种多样性，减少对资源的掠夺，保持营养和水循环，维持植物生境和动物栖息地的质量，把这些融会到景观设计的每一个环节中去，才能达到生态最大化。

三、创新设计观

创新设计观是在满足人性设计观和生态设计观基础上，对设计者提出的更高要求。它需要设计者的思维开阔，不拘泥于现有的景观形式，敢于提出并融入自己的思想，充分体现地域文化特色，提高审美需求，进而避免了“千城一面”“曾经在哪儿见过”的景观现象。在我们的景观设计中要想做到这点，就必须在设计中有创新性。如道路景观设计，各个城市都是千篇一律的模式，没有地方性。越是这种简单的设计，创新越难，所以也就对设计者提出了更严峻的考验。这就要求设计者具有独特性、灵活性、敏感性、发散性的创新思维，从新方式、新方向、新角度来处理某种事物，所以创新思维常会给人们带来崭新的思考、崭新的观点和意想不到的结果，从而使景观设计呈现多元化的创新局面。

四、艺术设计观

艺术设计观是景观设计中更高层次的追求，它的加入，使景观相对丰富多彩，也体现出了对称与均衡、对比与统一、比例与尺度、节奏与韵律等艺术特征。如抽象的园林小品、雕塑耐人寻味；有特色的铺装令人驻足观望；新材料的使用会引起人们观赏的兴趣。所以通过艺术设计，可以使功能性设施艺术化。如景观设计中的休息设施，从功能的角度讲，其作用就在于为人提供休息方便，而从艺术设计的角度，它已不仅仅具有使用功能，通过它的造型、材料等特性赋予艺术形式，从而为景观空间增加文化艺术内涵。再如不同类型的景观雕塑，抽象的、具象的，人物的、动物的等都为景观空间增添了艺术元素。这些都是艺术设计观的很好应用，对于我们现代景观设计师来说应积极主动地将艺术观念和艺术语言运用到我们的景观设计中去，在景观设计艺术中发挥它应有的作用。

第六节　生态景观设计

一、景观设计在西方的发展背景

西方传统景观设计主要源自文艺复兴时期的设计原则和模式，其特点是将人置于所有景观元素的中心和统治地位。景观设计与建筑设计、城市规划一样，遵循对称、重复、韵律、节奏等形式美的原则，植物的造型、建筑的布局、道路的形态等都严格设计成符合数学规律的几何造型，往往给人以宏伟、严谨、秩序等视觉和心理感受。

从 18 世纪中叶开始，西方园林景观营建的形式和范畴发生了很大变化。首先是英国在 30 年代出现了非几何式的自然景观园林，这种形式随后逐渐传播到欧洲其他国家以及美洲、南非、大洋洲等地。到 20 世纪 70 年代以后，欧洲从美洲、南非、印度、中国、日本、大洋洲等地引进植物，通过育种为造园提供了丰富多彩的植物品种。这不仅有助于园林景观提炼并艺术地再现美好的自然景观；同时也使园林景观设计工作由建筑师主持转变为由园艺师主导。

19 世纪中叶，英国建起了第一座有公园、绿地、体育场和儿童游戏场的新城镇。1872 年，美国建立了占地面积 7700 多平方公里的黄石国家公园，此后，在许多国家都出现了保护大面积自然景观的国家公园，标志着人类对待自然景观的态度进入了一个新的阶段。20 世纪初，人们对城市公害的认识日益加深。在欧美的城市规划中，园林景观的概念扩展到整个城市及其外围绿地系统，园林景观设计的内容也从造园扩展到城市系统的绿化建设。20 世纪中叶以来，人类与自然环境的矛盾日益加深，人们开始认识到人类与自然和谐共处的必要性和迫切性，于是生态景观设计与规划的理论与实践逐渐发展起来。

二、景观设计在中国的发展背景

中国的传统景观设计称为造园，具有悠久的历史。最早的园林是皇家园囿，一般规模宏大，占地动辄数百顷，景观多取自自然，并专供帝王游乐狩猎之用，历代皆有建造，延续数千年，直至清朝末期。唐宋时期，受到文人诗画之风的影响，一些私家庭院和园林逐渐成为士大夫寄情山水之所。文人的审美取向，使美妙、幽、雅、洁、秀、静、逸、超等抽象概念成为此类园林的主要造园思想。

无论是皇家园囿，还是私家园林，中国传统造园一贯崇尚“天人合一”“因地制宜”和“道法自然”等理念，将自然置于景观设计的中心和主导地位，设计中提倡利用山石、水泉、花木、屋宇和小品等要素，因地制宜地创造出既反映自然环境之优美，又体现人文情趣之神妙的园林景观。在具体操作中，往往取高者为山，低者为池，依山筑亭，临水建榭，取自然之趋势，再配置廊房，植花木，点山石，组织园径。在景观设计中，讲究采用借景、对景、夹景、框景、漏景、障景、抑景、装景、添景、补景等多样的景观处理手法，创造出既自然生动又宜人怡性的景观环境。

三、生态景观设计的概念

随着可持续发展概念得到广泛认同，东方传统景观充分理解和尊重自然的设计理念，得到景观设计界更多的认可、借鉴和应用。与此同时，西方当代环境生态领域研究的不断深入和新技术、新方法的不断出现，进一步使“生态景观设计”成为当代景观设计新的重要方向，并在实践中得到越来越多的应用。

传统景观设计的主要内容都是环境要素的视觉质量，而“生态景观设计”是兼顾环境视觉质量和生态效果的综合设计。其操作要素与传统景观设计类似，但设计中既要考虑当地水体、气候、地形、地貌、植物、野生动物等较大范围的环境现状和条件，也要兼顾场地日照、通风、地形、地貌、降雨和排水模式、现有植物和场地特征等具体条件和需求。

四、生态景观设计的基本原则

生态景观设计在一般景观设计原则和处理手法的基础上，应该特别注意以下两项基本原则。

（一）适应场地生态特征

生态景观设计区别于普通设计的关键在于，其设计必须基于场地自然环境和生态系统的基本特征，包括土壤条件、气象条件（风向、风力、温度、湿度等）、现有动植物物种和分布现状等。例如，如果场地为坡地，其南坡一般较热且干旱，需要种植耐旱植物；而北坡一般比较凉爽，相对湿度也大一些，因此，可选择的景观植物种类要多一些。另外，开敞而多风的场地比相对封闭的场地需要更加耐旱的植物。

（二）提升场地生态效应

生态景观设计强调通过保护和逐步改善既有环境，创造出人与自然协调共生的并且满足生态可持续发展要求的景观环境。包括维护和促进场地中的生物多样性、改善场地现有气候条件等。例如，生态环境的健康发展，要求环境中的生物必须多样化。在生态绿化设计中可采用多层次立体绿化，以及选用诱鸟诱蝶类植物丰富环境的生物种类。

五、生态景观设计的常用方法

（一）对土壤进行监测和养护

生态景观设计之前要测试土壤营养成分和有机物构成，并对那些被破坏或污染的土壤进行必要的修复。城市中的土壤往往过于密实，有机物含有量很少。为了植物的健康生长，需要对其根部土壤进行覆盖养护以减少水分蒸发和雨水流失，同时应长期对根部土壤施加复合肥料（每年至少 1 次）。据研究，对植物根部土壤进行覆盖，与不采取此项措施的景观种植区相比，可以减少灌溉用水量 75%~90%。

（二）采用本地植物

生态景观中的植物应当尽量采用本地物种，尤其是耐旱并且抗病虫害能力较强的植物。这样做既可以减少对灌溉用水的需求，减少对杀虫剂和除草剂的使用，减少人工维护的工作量和费用，还可以使植物自然地与本地生态系统融合共生，避免由于引进外来物种带来对本地生态系统的不利影响。

（三）采用复合植物配置

城市中的生态景观设计一般采用乔木—草坪、乔木—灌木—草坪、灌木—草坪、灌木—绿地—草坪、乔木—灌木—绿地—草坪等几种形式。据北京园林研究所的研究，生态效益最佳的形式是乔木—灌木—绿地—草坪，而且得出其最适合的种植比例约为 1(以株计算）：6(以株计算）：21(以面积计算）：29(以面积计算）。

（四）收集和利用雨水

生态景观中的硬质地面应尽可能采用可渗透的铺装材料，即透水地面，以便将雨水通过自然渗透送回地下。目前，我国城市大多采用完全不透水的（混凝土或面砖等）硬质地面作为道路和广场铺面，雨水必须全部由城市管网排走。这一方面造成了城市排水系统等基础设施的负担，在暴雨季节还可能造成城市内涝；另一方面，由于雨水不能按照自然过程回渗到地下，补充地下水，往往会造成或加剧城市地下水资源短缺的现象；此外，大面积硬质铺地在很大程度上反射太阳辐射热，从而加剧了“城市热岛”现象。因此，在城市生态景观设计中，一般提倡采用透水地面，使雨水自然地渗入地下，或主动收集起来加以合理利用。

当然，收集和利用雨水的方法可以是多种多样的。例如，在采用不透水硬质铺面的人行道和停车场中，可以通过地面坡度的设计将雨水自然导向植物种植区。

悉尼某居住区停车场和道路的设计，雨水自然流向种植区，景观植物采用当地耐旱物种。当采用透水地面或在硬质铺装的间隙种植景观植物时，要注意为这些植物提供足够的连续土壤面积，以保证其根部的正常生长。建筑屋顶可以用于收集雨水，雨水顺管而下，既可用于浇灌植物，也可用于补充景观用水，还可引入湿地或卵石滩，使之自然渗入地下（在这个过程中，水受到植物根茎和微生物的净化）补充地下水。雨水较多时，则需要将其收集到较大的水池或水沟，其容积视当地年降雨量而定。水沟或水池的堤岸，可以采用接近自然的设计，为本地植物提供自然的生长环境。当雨水流过这个区域时，既灌溉了植被，又涵养了水源，还自然地形成了各类不同的植物群落景观。这是自然形成的景观，也是围护及管理费用最低的景观。德国某市政厅景观设计，雨水引入水道，两侧种植本地植物，形成自然景观。

（五）采用节水技术

生态景观的设计和维护注重采用节水措施和技术。草比灌木和乔木对水的需求相对较大，而所产生的生态效应却相对较小，因此，在生态景观设计中，提倡尽量减少对大面积草坪的使用。在景观维护中，提倡通过高效率滴灌系统将经过计算的水量直接送入植物根部。这样做可以减少 50%~70% 的用水量。草地上最好采用小容量、小角度的洒水喷头。对草木、灌木和乔木应该分别供水，对每种植物的供水间隔宜适当加长，以促进植物根部扎向土壤深部。要避免在干旱期施肥或剪枝，因为这样会促进植物生长，增加对水的需求。另外，可以采用经过净化处理的中水，作为景观植物的灌溉用水。

根据美国圣 · 莫尼卡市（City of Santa Monica）的经验，采用耐旱植物，减少草坪面积和采用滴灌技术三项措施，使该地区景观灌溉用水减少 50% ~ 70%，并使该地区用水总量减少 20%~25%。通过控制地面雨水的流向以及减少非渗透地面的百分比，既灌溉了植物，又通过植物净化了雨水，还使雨水自然回渗到土壤中，满足了补充地下水的需要。

（六）利用废弃材料

利用废弃材料建成景观小品，既可以节省运走、处理废料的费用，也省去了购买原材料的费用，一举数得。

六、生态景观设计的作用

生态景观设计注重保护和提升场地生态环境质量，生态景观的实施，能够产生广泛的环境效益，包括改进建筑周围微气候环境、减少建筑制冷能耗、提高建筑室内外舒适度、提高外部空间感染力、为野生动物提供栖息地，以及在可能的情况下兼顾食果蔬菜生产等。

（一）提高空气质量

植物可以吸收空气中的二氧化碳等废气和有害气体，同时放出氧气并过滤空气中的灰尘和其他悬浮颗粒，从而改善当地空气质量。景观公园和林荫大道等为城市和社区提供一个个“绿肺”。

（二）改善建筑热环境

将阔叶落叶乔木种植在建筑南面、东南面和西南面，可以在夏季吸收和减少建筑的太阳辐射热，降低空气温度和建筑物表面温度，从而减少夏季制冷能耗；同时在冬季树木落叶后，又不影响建筑获得太阳辐射热。为了提高夏季遮阳和降温效果，还可以将高低不同的乔木和灌木分成几层种植，同时在需要遮阳的门窗上方设置植物藤架和隔栅，使之与墙面之间留有 30~90cm 的水平距离，从而通过空气流动进一步带走建筑的热量。

建筑的建造过程会破坏场地原有自然植物系统，建造的硬质屋顶或地面不能吸收雨水还反射太阳辐射热，并加剧城市的热岛效应。如果改为种植屋顶和进行地面绿化，则不仅可以在增加绿化面积，提高空气质量和景观效果，还能为其下部提供良好的隔热保温和紫外线防护。屋顶种植应选择适合屋顶环境的草本植物，借助风、鸟、虫等自然途径传播种子。

（三）调控自然风

植物可以影响气流的速度和方向，起到调控自然风的作用。通过生态景观设计既可以引导自然风进入建筑内部，促进建筑通风，也可以防止寒风和强风对建筑内外环境的不利影响。

导风：根据当地主导风的朝向和类型，可以巧妙利用大树、篱笆、灌木、藤架等将自然风导向建筑的一侧（进风口）形成高压区，并在建筑的另一侧（排风口）形成低压区，从而促进建筑自然通风。为了捕捉和引导自然风进入建筑内部，还可以在建筑紧邻进风口下风向一侧种植茂密的植物或在进风口上部设置植物藤架，从而在其周围形成正压区，以利于建筑进风。当建筑排风口在主导风方向的侧面时，可以在紧邻出风口上风向一侧种植灌木等枝叶茂密的植物，从而在排风口附近形成低压区，促进建筑自然通风。在建筑底部接近入口和庭院等位置密集种植乔木、灌木或藤类植物有助于驱散或引开较强的下旋气流。在建筑的边角部位密植多层植物有助于驱散建筑物周围较大范围的强风。多层植物还可以排列成漏斗状，将风引导到所需要的方向。

防风：与主导风向垂直布置的防风林，可以减缓、引导和调控场地上的自然风。防风林的作用取决于其规模、密度以及其整体走向相对主导风方向的角度。为了形成一定的挡风面，防风林的长度一般应该是成熟树木高度的 10 倍以上。如果要给建筑挡风，树木和建筑之间的距离应该小于树木的高度。如果要为室外开放空间挡风，防风林则应该垂直于主导风的方向种植，树后所能遮挡的场地进深，一般为防风林高度的 3~5 倍（例如，10m 高的防风林可以有效降低其后部 30~50m 内的风速）。还应该允许 15%~30% 的气流通过防风林，从而减少或避免在防风林后部产生下旋涡流。

应当注意的是，通过植物引风只是促进自然通风的一种辅助手段，它必须与场地规划和建筑朝向布置等设计策略结合起来，才能更好地达到建筑自然通风的效果。另外，城市环境中的气流状态往往复杂而紊乱，一般需要借助风洞试验或计算机模拟来确定通风设计的有效性。最后，无论是导风还是防风，都应当在建筑或场地的初步设计阶段就做出综合考虑。

（四）促进城市居民身心健康

生态景观可以兼顾果蔬生产，为城市提供新鲜的有机食物。物种丰富的城市生态景观，尤其是水塘、溪流、喷泉等近水环境，既可以帮助在城市中上班的人群放松身心，提高其精神生活质量，又可以成为退休老人休闲、健身的场所，还可以成为儿童游戏和体验的乐园，因此有利于从整体上促进城市居民的身心健康。

（五）为野生动物提供食物和遮蔽所

生态景观设计比传统景观设计的效果更加接近自然，通过生态景观设计可以在一定程度上创造在城市发展中曾经失去的自然环境。将城市生态景观和郊区的开放空间连成网络，可以为野生动物提供生态走廊。

为了使城市景观环境更适合野生动物的生存，要选择那些能产生种子、坚果和水果的本地植物，以便为野生动物提供一年四季的食物。还要了解在当地栖息的鸟的种类和习性，并为其设计适宜的生存环境。在景观维护过程中，要对土壤定期覆盖和施肥，使土壤中维持足够的昆虫和有机物；同时要保持土壤湿度，刺激土壤中微生物的生长，保持土壤中蛋白质的循环。生态景区还应该为鸟类设计饮水池，水不必太深，可以置于开放空间，岸边地面可以采用粗糙质地的缓坡，以利于鸟类接近或逃离水池。景观植物的搭配应该有高大树冠的乔木、中等高度的灌木以及地表植物，供鸟类筑巢繁殖、嬉戏躲避和采集食物等。生态景区应尽量不使用杀虫剂、除草剂和化肥，而是允许植物的落叶以及成熟落地的种子和果实等自然腐烂，从而为土壤中的昆虫等提供足够的营养，也为其他野生动物提供更加自然的栖息环境。

第七节 生态景观规划

一、生态景观规划的概念

生态景观规划是在一个相对宏观的尺度上，为居住在自然系统中的人们所提供的物质空间规划，其总体目标是通过对土地和自然资源的保护及利用规划，实现景观及其所依附的生态系统的可持续发展。生态景观规划必须基于生态学理论和知识进行。生态学与景观规划有许多共同关心的问题，如对自然资源的保护和可持续利用，但生态学更关心分析问题，而景观规划则更关心解决问题，将两者相结合的生态景观规划是景观规划走向可持续的必由之路。

二、生态景观规划的基本语言

斑块（patch）、廊道（corridor）和基质（matrix）是景观生态学用来解释景观结构的一种通俗、简明和可操作的基本模式语言，适用于荒漠、森林、农业、草原、郊区和建成区景观等各类景观。斑块是指与周围环境在性质上或外观上不同的相对均质的非线性区域。在城市研究中，在不同的尺度下，可以将整个城市建成区或者一片居住区看成一个斑块。景观生态学认为，圆形斑块在自然资源保护方面具有最高的效率，而卷曲斑块在强化斑块与基质之间的联系上具有最高的效率。廊道是指线型的景观要素，指不同于两侧相邻土地的一种特殊的带状区域。在城市研究中，可以将廊道分为蓝道（河流廊道）、绿道（绿化廊道）和灰道（道路和建筑廊道）。基质是指景观要素中的背景生态系统或土地利用类型，具有占地面积大、连接度高，以及对景观动态具有重要控制作用等特征，是景观中最广泛连通的部分。如果我们将城市建成区看成一个斑块的话，其周围和内部广泛存在的自然元素就是其基质。

景观生态学运用以上语言，探讨地球表面的景观是怎样由斑块、廊道和基质所构成的，定量、定性地描述这些基本景观元素的形状、大小、数目和空间关系，以及这些空间属性对景观中的运动和生态流有什么影响。如方形斑块和圆形斑块分别对物种多样性和物种构成有什么不同影响，大斑块和小斑块各有什么生态学利弊。弯曲的、直线的、连续的或是间断的廊道对物种运动和物质流动有什么不同影响。不同的基质纹理（细密或粗散）对动物的运动和空间扩散的干扰有什么影响等。并围绕以上问题，提出:①关于斑块的原理（探讨斑块尺度、数目、形状、位置等与景观生态过程的关系）;②关于廊道的原理（探讨廊道的连续性、数目、构成、宽度及与景观生态过程的关系）;

③关于基质的原理（探讨景观基质的异质性、质地的粗细与景观阻力和景观生态过程的关系等）；④关于景观总体格局的原理等。这些原理为当代生态景观规划提供了重要依据。

三、城市景观的构成要素

城市景观以其特有的景观构成和功能区别于其他景观类型（如农业景观、自然景观）。在构成上，城市景观大致包括三类要素，即人工景观要素，如道路、建筑物；半自然景观要素，如公共绿地、农田、果园;受到人为影响的自然景观要素，如河流、水库、自然保护区。在功能上，城市景观包括物化和非物化两方面要素：物化要素即山、水、树木、建筑等环境因素；非物化要素即环境要素所体现出的精神和人文属性。作为一种开放的、动态的、脆弱的复合生态系统，城市景观的主要功能是为人类提供生活、生产的场所，而其生态价值主要体现在生物多样性与生态服务功能等方面，其中的林地、草地、水体等生态单元对于保护生物多样性、调节城市生态环境、维持城市景观系统健康运作尤为重要。作为人类改造最彻底的景观，城市景观由于具有高度的空间异质性，景观要素间的流动复杂，景观变化迅速，更需要进行生态规划、设计和管理，以达到结构合理、稳定，能流顺畅，环境优美，达到高效、和谐、舒适、健康的目的。

四、城市景观规划的主要内容

城市具有自然和人文的双重性，因此对城市生态景观规划也应当包括自然生态规划和人文生态规划两方面内容，并使自然景观与人文景观成为相互依存、和谐统一的整体。

（一）城市自然景观规划

城市自然景观规划的对象是城市内的自然生态系统，该系统的功能包括提供新鲜空气、食物、体育、休闲娱乐、安全庇护以及审美和教育等。除了一般人们所熟悉的城市绿地系统之外，还包含了一切能提供上述功能的城市绿地系统、森林生态系统、水域生态系统、农田系统及其他自然保护地系统等。城市的规模和建设用地的功能总是处在不断变化之中，城市中的河流水系、绿地走廊、林地、湿地等需要为这些功能提供服务。面对急剧扩张的城市，需要在区域尺度上首先规划设计和完善城市的生态基础设施，形成能高效维护城市生态服务质量、维护土地生态过程的安全的景观格局。

根据景观生态学的方法，城市需要合理规划其景观空间结构，使廊道、斑块及基质等景观要素的数量及其空间分布合理，使信息流、物质流与能量流畅通，使城市景观不仅符合生态学原理，而且具有一定的美学价值，适于人类聚居。在近些年的发展中，景观规划吸收生态学思想，强调设计遵从自然，引进生态学的方法，研究多个生态系统之间的空间格局，并用“斑块—廊道—基质”来分析和改变景观，指导城市景观的生态规划。

（二）城市人文景观规划

所谓人文生态是一个区域的人口与各种物质要素之间的组配关系，以及人们为满足社会生活各种需要而形成的各种关系。多元的人文生态与其地域特有的自然生态紧密相关，是使得一个城市多姿多彩的重要缘由之一。一个优美而富有吸引力的城市景区，通常都是自然景观与人文景观巧妙结合的作品。一座城市的人文景观应该反映该城市的价值取向和文化习俗。城市人文生态建设，应当融入城市自然生态设施的规划和建设中，使文化和自然景观互相呼应、互相影响，城市才能产生鲜明的特色和生命力。在人文生态的规划中，要努力挖掘和提炼地域文化精髓，继承传统文化遗产，同时反映城市新文化特征，注意突出城市文化特色并寻求城市文化的不断延续和发展。

五、当前城市景观中的生态问题

当前城市景观中的生态问题，主要源于城市规划建设中不合理的土地利用方式以及对自然资源的超强度开发，具体表现在以下几方面。

（一）景观生态质量下降

在城市中，承担着自然生境功能的景观要素类型主要有林地、草地、水体和农田等。随着城市人口激增和生产生活用地规模迅速扩大，城市中自然景观要素的面积在不断减少，生物多样性严重受损，导致景观生态稳定性降低，对各种环境影响的抵抗力和恢复力下降。同时，随着环境污染问题日益加剧，城市自然环境的美学价值及舒适性降低，人们纷纷离开城市走向郊区。而郊区化的蔓延，使原本脆弱的城市郊区环境承受了巨大的压力。随着经济的增长，在市场推动下，各大城市尤其是其经济开发区，都保持着巨大的建设量，大规模的土地平整使地表植被破坏，土地裸露，加上许多土地长期闲置，导致城市区域水土流失日益加剧，不仅造成开发土地支离破碎，而且危害市区市政基础设施及防洪安全，对城市景观和环境质量构成威胁。研究表明，城市周边裸露平整土地产生的土壤侵蚀程度远远超过自然山地或农业用地。

（二）景观生态结构单一

城市区域内土地紧张，建筑密度大，造成城市景观破碎度增加，通达性降低。城市自然景观元素主要以公共绿地的形式存在，集中在少数几个公园或广场绿地，街道及街区分布稀少，难以形成网格结构，空间分配极不均衡。同时，绿地内植被种类及形态类型单一，覆盖面小，缺乏空间层次，难以实现应有的生态调节功能。

（三）景观生态功能受阻

城市区域中，人类的活动使自然元素极度萎缩，景观自然生态过程（如物种扩散、迁移、能量流动等）严重受阻，生态功能衰退，其涵养、净化环境的能力随之降低。例如，建设开发使河道、水系干涸、污染；修建高速公路使自然栖息地一分为二等，这些活动都造成自然生态过程中断，景观稳定性降低。另外，城市建筑密度过高，也使景观视觉通达性受阻，同时空气水源、噪声等各种污染使城市景观的可持续性和舒适性降低。

六、城市生态景观规划的基本原则

城市自然景观的生态规划一般应遵循以下基本原则。

生态可持续性原则：使城市生态系统结构合理稳定，能流、物流畅通，关系和谐，功能高效。在规划中要注重远近期相结合，在城市不断扩张的过程中，为生态景观系统留出足够的发展空间。

绿色景观连续性原则：通过设置绿色廊道，规划带形公园等手段加强绿地斑块之间的联系，加强绿地间物种的交流，形成连续性的城市景观，使城市绿地形成系统。

生物多样性原则：多样性导致稳定性。生物多样性主要是针对城市自然生态系统中自然组分缺乏、生物多样性低下的情况提出来的。城市中的绿地多为人工设计而成，通过合理规划设计植物品种，可以在城市绿地中促进遗传多样性，从而达到丰富植物景观和增加生物多样性的目的；遵循多样化的规划原则，对于增进城市生态平衡、维持城市景观的异质性和丰富性具有重要意义。

格局优化原则：城市景观的空间格局是分析城市景观结构的一项重要内容，是生态系统或系统属性空间变异程度的具体表现，它包括空间异质性、空间相关性和空间规律性等内容。它制约着各种生态过程，与干扰能力、恢复能力、系统稳定性和生物多样性有着密切的关系。良好的景观生态格局强调突出城市整体景观功能，通过绿色的生态网络，将蓝色的水系串联起来，保障各种景观生态流输入输出的连续通畅，维持景观生态的平衡和环境良性循环。在中国，城市绿地一般极为有限，特别是老城区，人口密度大，建筑密集，绿化用地更少。因此，在景观规划中，如何利用有限空间，通过绿地景观格局的优化设计，充分发挥景观的生态功能和游憩功能，以及通过点、线、带、块相结合，大、中、小相结合，达到以少代多、功能高效的目的显得尤为重要。

七、城市景观规划的技术和方法

景观规划的过程应该是一个决策导向的过程，首先要明确什么是要解决的问题，规划的目标是什么，然后以此为导向，采集数据，寻求答案。在制订景观规划时通常需要考虑六方面的问题：①景观的现状（景观的内容、边界、空间、时间以及景观的审美特性、生物多样性和健康性等，需要用什么方法和语言进行描述）；②景观的功能（各景观要素之间的关系和结构如何）；③景观的运转（景观的成本、营养流、使用者满意度等如何）；④景观的变化（景观因什么行为，在什么时间、什么地点而改变）；⑤景观变化会带来什么样的差异或不同；⑥景观是否应该被改变（如何做出改变景观或保护景观的决策，如何评估由不同改变带来的不同影响，如何比较替代方案等）。

（一）地图叠加技术

在早期的城市及区域规划中，规划师们常常采用一种地图叠加技术，即采用一系列地图来显示道路、人口、建筑、地形、地界、土壤、森林，以及现有的和未来的保护地，并通过叠加的技术将气候、森林、动物、水系、矿产、铁路、公路系统等信息综合起来，反映城市的发展历史、土地利用及区域交通关系网以及经济、人口分布等。在景观规划中，也可以采用这种方法，针对每个特定资源制图，然后进行分层叠加，经过滤或筛选，最终可以确定某一地段土地的适宜性，或某种人类活动的危险性，从而判别景观的生态关系和价值。这一技术的核心特征是所有地图都基于同样的比例，并都含有某些同样的地形或地物信息作为参照系；同时，为了使用方便，所有地图都应在透明纸上制作。

20 世纪 50 年代，麦克哈格首先提出了将地图分层叠加方法用于景观规划设计中。在近半个世纪，地图分层叠加技术从产生到发展和完善，一直是生态规划思想和方法发展完善过程的一个有机组成部分。首先是规划师基于系统思想提出对土地上多种复杂因素进行分析和综合的需要，然后是测量和数据收集方法的规范化，最后是计算机的发明和普及，都推动了地图分层叠加技术的发展。

中关村科技园海淀园发展区生态规划，就是一个应用麦克哈格“千层饼”方法分析的实例。其中选取了 8 项生态因子图进行叠算，其中深色部位适宜生态保护和建设，浅色部位适宜城市建设。该规划还根据土地生态适宜性分析模型，运用景观学“斑块—廊道—基质”原理，建立了园区的自然生态安全网络，并编制了土地生态分级控制图。在其规划指标体系中，将园区分为 5 个生态等级区：一级区为核心生态保护区，二级区为生态保护缓冲区，三级区为生态建设过渡区，四级区为低度开发区，五级区为中度开发区。它为确定城市发展方向提供了科学依据。

（二）3“S”技术

随着空间分析技术的发展及其与景观规划的结合，遥感（RS）、全球定位系统（GPS）和地理信息系统（GIS）在景观规划中得到应用。它们极大地改变了景观数据的获取、存储和利用方式，并使规划过程的效率大大提高，在景观和生态规划史上可以被认为是一场革命。其中，遥感（RS）具有宏观、综合、动态和快速的特点，特别是现代高分辨率的影像是景观分类空间信息的主要数据源，遥感影像分析是景观生态分类和景观规划的主要技术手段；全球定位系统（GPS）的准确定位是野外调查过程中进行空间信息定位的重要工具；地理信息系（GIS）空间数据和属性数据集成处理以及强大的空间分析功能，使得现代景观规划在资源管理、土地利用、城乡建设等领域发挥着越来越大的作用。如果将生态景观规划的过程分解为分析和诊断问题、预测未来、解决问题三个方面的话，那么，与传统技术相比，GIS 尤其在分析和诊断问题方面具有很大的优势。这种优势主要反映在其可视化功能、数据管理和空间分析三个方面。

八、城市景观规划的生态调控途径

（一）构建景观格局

城市是自然、经济和社会的复合体，不同的城市生态要素及其发展过程形成不同的景观格局，景观格局又作用于生态过程，影响物种、物质、能量以及信息在景观中的流动。合理的城市景观格局是构建高效城市生态环境的基础。在城市景观规划中，不仅要注意保持其生态过程的连续性，而且应使其中的各种要素互相融合、互为衬托、共同作用，从而形成既具有地方特色又具有多重生态调控功能的城市景观体系。

（二）建设景观斑块

城市景观规划应有利于改善城市生态环境。在规划中，除了要加强公园、绿地等人工植被斑块的建设，还应尽可能引进和保护水体、林地、湿地等具有复杂生物群落结构的自然和半自然斑块，并使其按照均衡而有重点的格局分布于城市之中。同时合理配置斑块内的植物种类，形成稳定群落，增加斑块间的异质性，可为形成长期景观和发挥持续生态效益打下基础。

（三）建立景观廊道

城市中的景观廊道包括道路、河流、沟渠和林带等。研究表明，景观廊道对生物群体的交换、迁徙和生存起着重要作用。通畅的廊道，良好的景观生态格局有利于保障各种景观生态流输入输出的连续通畅，维持景观生态平衡和良性循环。同时，城市景观廊道还是城市景观中物质、能量、信息和生物多样性汇集的场所，对维护城市生态功能的稳定性具有特殊作用。

城市中零散分布的公园、街头绿地、居民区绿地、道路绿化带、植物园、苗圃等城市基质上的绿色斑块，应与城外绿地系统之间通过“廊道”（绿化带）连接起来，形成城市生态景观的有机网络，使得城市景观系统成为一种开放空间。这样不仅可以为生物提供更多的栖息地和更广阔的生活场所，而且有利于城外自然环境中的野生动物、植物通过“廊道”向城区迁移。此外，在城市中，可以将公园绿地、道路绿地、组团间的绿化隔离带等串联衔接，并与河流及其防护林带构成相互融会贯通的“蓝道”和“绿道”，在总体上形成点、线、面、块有机结合的山水绿地相交融的贯通性生态空间网络。

（四）改善基质结构

城市景观要素中“基质”所占面积最大，连接性最强，对城市景观的控制作用也最强。它影响着斑块之间的物质、能量交换，能够强化或减弱斑块之间的联系。在城市景观环境中，存在大量硬质地面，包括广场、停车场等，它们是城市景观基质的重要组成部分。为了改善这些基质的结构和生态效应，对城市公共空间中的硬质地面应优先考虑采用具有蓄水或渗水能力的环保铺地材料，如各种渗水型铺砖等。在城市的高密度地区，可采用渗透水管、渗透侧沟等设施帮助降水渗入地下。在具体规划设计中应根据各个城市不同的气象及水文条件，确立合理的渗透水及径流水比例，并以此为依据指导城市各种地面铺装的比例，从而在总体上逐步实现对城市降水流向的合理分配。随着更多新型生态化城市硬质铺面材料的问世，城市景观基质结构与自然生态系统的连通性将会不断得到改善。

（五）控制土地扩张

随着城市化水平的提高，城市区域及周边水土流失日益严重，耕地减少速度不断加快，这是世界各国在城市化过程中普遍面临的问题。20 世纪 90 年代，美国针对城市扩张导致的农业用地面积减少及城市发展边界问题，制定了相关法律和土地供给计划，并且基于 GIS 技术建立了完整的空地及建设用地存量库，用以统筹控制城市区域土地的扩张。我国当前正处在城市化高速发展的时期，在城市开发建设过程中，更需要把握城市总体景观结构，控制城市土地扩张，结合城市中自然绿地、农田水域等环境资源的分布，在开发项目的选址、规划、设计中应遵循生态理念，保持城市景观结构的多样性，防止大面积建筑群完全代替市郊原有的自然景观结构。此处，可以通过保持城市之间农田景观的方式，在满足城市建设土地的同时，为城市化地区生态环境的稳定性提供必要的支持和保证。

本章从景观的含义出发，首先介绍了生态景观设计的一般概念、主要内容、基本原则、常用方法和主要作用；其次介绍了生态景观规划的概念、基本语言和构成要素；最后着重介绍了城市景观规划的相关内容。其中，分析了当前城市景观中的主要生态问题；提出了城市生态景观规划的基本原则，以及城市景观规划的基本技术和方法；最后，介绍了城市规划的生态调控途径。应该说，城市景观生态问题的妥善解决，有赖于对景观生态系统更加深入而系统的科学研究，有赖于更先进和可靠的地理信息系统和分析技术及其与景观生态规划的结合（目前，在景观生态学定量分析基础上的景观规划还远没有成熟，从这个意义上来说，景观生态规划还刚刚开始），更有赖于一种新的生态景观规划与建设理念及思路的形成，即重视景观的整体生态效应，同时将人类视为影响景观的重要因素，从整体上协调人与环境、社会经济与资源环境的关系，从而最终实现城市生态景观的保护与可持续发展。

第六章　生态背景下风景园林规划设计研究

第一节　风景园林规划设计中的创新思维

近年来，随着我国社会经济的高速发展，人们的生活水平不断提高，对城市建设规划以及风景园林设计等方面都提出了更高的要求。其中，风景园林规划设计更是城市建设中的重要内容之一，风景园林规划设计是一项十分复杂和系统的工程，对设计者的创新思维有很高的要求。基于此，本节主要对风景园林规划设计中的创新思维进行了全面且细致的分析与探讨，希望可以进一步推动我国风景园林规划设计的发展，为城市发展贡献更多的力量，供相关工作人员参考。

从我国风景园林规划设计现状来看，我国的风景园林规划设计理念相对落后，风景园林规划设计普遍存在严重的模式化和形式化现象，过于追求外观的绚丽等视觉上的效果。而在规划设计中忽略了传统文化的融入，使现有的风景园林规划设计从外观上看就像“克隆人”一样，模仿的痕迹十分清晰，缺少足够的创新。所以，为了满足人们对风景园林规划设计的现实需求，设计者必须根据以往的设计经验和实际情况，在设计中增添足够的创新因素，以此提高风景园林规划设计的整体效果。

一、创新思维在风景园林规划设计中的重要作用

传统的风景园林规划设计，设计的理念和方式大同小异，设计人员将更多的精力投入到风景园林的外观设计上，而忽略了风景园林内在文化的展现。使得各个风景园林只有一个绚丽多彩的外在形象，其内部的内涵文化没有得到充分的体现，导致风景园林的整体设计效果不是特别好，没有特别吸引人的地方，设计缺少足够的创新。所以，在现代风景园林规划设计的创新理念下，要想更好地体现出风景园林的内涵文化，除了要在其外观上下足功夫以外，还应该在风景园林的抽象设计环节中进行有效的创新，将更多具有当地特色的文化素材和风景因素等融入规划设计中，使风景园林的规划设计可以与当地的人文特点和风俗习惯等有机结合，给人一种耳目一新的感觉，带给游客不一样的视觉体验，感受到风景园林的创新性和文化特征，以此提高风景园林规划

设计的整体水平。

二、风景园林规划设计创新过程中遇到的问题

风景园林整体规划设计缺少创新点。随着城市化进程的不断加快，城市规模逐渐扩大，城市人口越来越多，城市中到处可见高楼大厦、商业街等。在此背景下，城市中的风景园林在进行整体规划设计的时候，为了适应城市的发展，与城市的整体规模和发展状况相适应，在对风景园林进行整体规划的时候，会过于追求设计的现代化，在风景园林规划设计的过程中融入更多的现代化素材，以此突出风景园林的现代化外观，与城市的发展进行匹配。因为城市的发展进程是一致的，发展是相似的，这也造成风景园林的规划设计太过注重外观，模仿对象以欧美风格的园林为主，使得全国各地的风景园林显得毫无新意，缺少足够的创新点，无法满足人们的现实需求。

没有体现当地的文化特色。在现代风景园林规划设计的创新过程中，设计的灵感是源源不断的，也是多种多样的，但是受到工业化设计以及国际化设计风格的影响与制约，设计师在进行风景园林规划设计创新的时候，会将创新的重点放在风景园林的外观创新和内容的创新上，容易忽略对当地文化特色的创新与展现，使得风景园林的规划设计严重与当地文化脱轨，没有彻底突显当地风景园林的独有特点和文化意蕴。每个地区的风景、景观以及人文特色都存在较大差异，也都会遵循一定的自然规律，以此呈现不同于其他地区的自然景观，将当地的文化特色和风景更好地展现出来。由于在风景园林规划设计中过于追求外观上的视觉效果，没有将具有当地文化特色的创新点考虑进来，就会使风景园林的规划设计在深度上缺少足够的创新，使得风景园林的规划创新显得乏善可陈，毫无创新可言。

三、风景园林规划设计的创新策略

鼓励社会大众积极参与风景园林规划设计。风景园林规划设计的最终目的是为社会大众带去良好的视觉体验，带给大众心情上的愉悦，满足大众对它们功能上的需求。为此，现代风景园林规划设计的过程中，可以邀请广大社会群众都参与到风景园林的规划设计中来，为风景园林的规划设计出谋划策，提出自己的建议和看法，帮助风景园林规划设计人员获得更多的设计灵感，找到更多的设计创新点。一方面，风景园林的规划设计与当地百姓的日常生活息息相关，风景园林是以服务大众为己任的。所以，社会大众在风景园林的规划设计上应该是最有发言权利的人，也是感受最深刻的人。另一方面，风景园林规划设计人员可能对当地的人文情况、文化情况以及风俗习惯情况等不太了解，不能站在当地居民的角度去考虑风景园林规划设计，就会导致设计的结果不尽如人意，无法满足当地居民对于风景园林的现实需求。所以，设计单位应该

适当采纳当地百姓的设计创新建议，并且通过全面的社会调查和走访，最终确定完整的风景园林规划设计方案，并且高效落实。

风景园林规划设计单位可以在设计的初期开展一次“园林设计靠大家”的主题活动，向当地的社会大众征集各种风景园林规划设计方案，并且从中挑选出几份优秀的规划设计，进行为期一个月的展示与投票，最终从中选出一份社会支持率最高的方案实施，并且给予方案提供者一定的奖励，以此提高社会大众的参与积极性，为风景园林的规划设计贡献自己的一份力量。

根据风景园林的功能进行创新。一般情况下，现代风景园林的主要功能是为社会大众提供一个可以放松心情，休闲娱乐的场所，需要满足进行适当室外活动和体育锻炼的功能。风景园林的功能相对比较单一。所以，风景园林的规划设计人员可以在使用功能上进行适当的创新，将风景园林设计成集娱乐、休闲、游览为一体的多功能场所，以此吸引更多的人到风景园林进行亲身体验，感受风景园林带给人们的不同的情感体验和意境表达。例如，在风景园林的规划设计中，设计人员要先对当地的历史进行深入的研究与分析，找到当地具有典型意义的文化历史和生活历史元素，在风景园林中规划出一个特定的历史文化观赏区，对当地的历史文化和发展历程进行展示，帮助当地居民了解到更多与自己家乡有关的知识，提高大众的文化素养，同时也可以吸引更多的外地游客，对当地的历史进行品读，了解当地更多的风俗习惯和人文气息等。

另外，风景园林除了要为社会百姓提供娱乐的场所以外，还应该规划设置更多的体育锻炼器材等，包括简单的体育器材、篮球场、足球场等，引导人们在日常的业余时间更多地参加体育锻炼，提高自身的体质。在风景园林中，体育设施方面的建设只是整体规划的一个方面，不能规划过度，而将风景园林的本质变成了体育场所，要设计得合理，既不能改变风景园林的本质，又要突出风景园林的规划设计创新点，以此提高风景园林的整体功能和创新效果，给社会大众带来不一样的游览体验。

尊重风景园林的原始性与独特性。无论是古代的风景园林，还是现代的风景园林，其本质都是一样的，都是展现风景和自然的场所。为此，社会大众对于风景园林的实际需求还是以观赏为主，其他附加功能为辅。人们游玩风景园林的目的就是想要在游玩的过程中释放压力，想要在游玩的过程中得到快乐和视觉上的享受。所以，现代风景园林的规划设计创新，既要将现代城市元素融入规划设计当中，又不能破坏风景园林的原始性和独特性，要做到风景园林现代设计创新与大自然的有机融合。现代风景园林的规划设计要尊重自然的原始性和独特性，使用恰到好处的设计方案和园林景观雕琢技术等，将风景园林的自然美观充分地体现出来。

实现传统设计以及现代艺术的有机融合。现代风景园林的规划设计，经过了多年的发展和艺术积淀，已经积累了相当丰富的规划设计经验，并且融入了很多西方的传统文化因素，形成了具有传统和现代艺术特色的一个整体。所以，在对风景园林规划设计进行创新时，设计人员必须处理好传统设计与现代艺术之间的关系，既要体现传统设计的理念，又要将现代艺术的素材适当地融入进去，以求给人们丰富的视觉体验和情感体验，形成独具风格的风景园林外观。传统设计与现代艺术有机融合，不但可以弘扬中国的传统文化，而且能推动现代艺术的发展以及文化传承，实现真正意义上的文化传播和欣赏。设计人员需要将现有的文化元素和设计理念结合在一起，从风景园林的外观、文化内涵、功能等多方面进行有效的创新，从而推动风景园林的创新发展。

综上所述，我国的风景园林在规划设计创新的过程中，正面临创新点不足、文化特色表现不全等现实问题，亟待解决。相关的风景园林规划设计人员必须在工作中，将传统的设计与现代艺术有机地结合起来，并且积极采纳大众的建议，对园林的功能进行创新性开拓，同时要尊重园林的原始性与独特性，进而全面推动风景园林的创新设计发展，提高园林的整体设计水平，促进我国的风景园林发展。

第二节　风景园林规划存在的问题

城市风景园林设计是一门涉及生态、人文、艺术、生物等社会科学，以及市政、交通、建筑、水电、植物栽种等技术领域的综合类学科。可见，城市风景园林设计极具复杂性，导致我国城市风景园林设计存在一些问题。为此，本节首先分析我国城市风景园林设计存在的问题，然后提出有效的应对策略，供参考。

随着社会的发展，城市风景园林的研究已经突破模山范水、美学与艺术表达的束缚，转向综合考虑社会、生态和文化价值，其中包含土地规划、设计、管理、保护和恢复等工作。目前，我国城市普遍存在盲目过快建设，城市风景园林建设浮于表面的问题，具体表现：盲目模仿西方或大城市园林景观，采取与实际土壤、气候环境不相符的设计元素和园林植物，过度追求高要求和高品位等。简而言之，我国城市风景园林设计存在“全球化与地方化矛盾”“传统与现代矛盾”的问题。鉴于此，本节简要探析城市风景园林设计存在的问题和对策。

一、城市风景园林设计存在的问题

问题的具体表现。

（1）广场建设盲目性大。城市广场是一处集集会、休闲和娱乐等功能为一体的场所，其建设面积一般根据城市等级来定：（特）大城市 10hm^2、一般城市 3 ～ 5hm^2、小城镇 2 ～ 3hm^2。但目前，我国城市广场建设普遍存在盲目求大的问题，一些县城的广场面积甚至达到 15 ～ 25hm^2。据统计，我国 662 个城市和 20000 余个建制镇中，“形象广场”

近两层。另外，我国城市广场建设还存在奢华且与地方实际严重脱离的现象，比如广场铺地的面层选择厚于 30mm 的花岗岩，而事实上，20 ~ 30mm 的花岗岩足以满足广场的观赏与使用需求。

（2）绿化模仿现象严重。除建筑物外的用地都是景观园林用地，是城市形象特征的最好体现。但在园林绿化中，一些城市存在盲目性，比如盲目移植大树或引入外地品种而忽略乡土植物，这种“模仿照搬、贪大求洋”的行为导致我国城市园林建设“千城一面”。例如，20 世纪 90 年代，我国普遍以种植草坪为时尚追求，并引入名贵草种，甚至为此砍伐茂密的树林，同时为了减少草坪维护成本，被迫将绿地列为市民休闲娱乐的禁区；随后一段时间，城市新建绿地又广泛种植秃头树，甚至将椰树种植在环境较为恶劣的北方城市。

问题产生的原因。

（1）主观原因。一些城市风景园林设计成了设计师个性宣泄的场所或是官员意志的产物。第一，管理人员相互学习、效仿和攀比。关于管理人员“大兴土木、加快城市建设”的问题，表面原因是为了顺应城市发展的现实需要，而实质是城市主政者抱有“求大、求洋、求变、求新”的心理，将城市面貌日新月异认为是政绩的表现。第二，模仿风气盛行。国际著名建筑设计师库哈斯指出：“中国建筑师数量仅占美国的 1/10，却在 1/5 的时间里设计出 5 倍数量的建筑”，说明中国建筑师的效率达到了美国的 250 倍，而事实上，我国同一建筑师在不同城市的建设方案仅有细微的差异，套用嫌疑明显。

（2）客观原因。从世界文化的视角来看，不同国家、民族和地区的差异正在逐渐消失，在全球意识的支配下，一种“世界文明”正在逐渐形成，导致不同民族和地区在风景园林设计上的审美、功能、技术趋同，同时随着信息传播与交通的发展，某一类风景园林可快速蔓延到世界上的各个角落。对此，最为根本的原因是现代城市风景园林设计与地方性相脱离，这一点值得每一位设计师深思。

二、城市风景园林设计原则

为了将城市风景园林打造成一个生命力旺盛的开放空间，并能长久地服务大众，要求坚持“以人为本”“遵循自然规律”“巧用资源”“降低维护成本”的原则。

以人为本。风景园林是人类生产和改造的结果，它力求满足人类不断丰富的生活需求。鉴于此，首先，风景园林设计应当满足大众的生态需求，以保证其生理和安全需求得以满足，即在设计风景园林时，科学规划园林植物群落，并利用生态学理论，发挥园林的生态作用，同时通过改善区域性环境来为大众打造一处健康的生活空间。其次，风景园林设计是一门审美艺术，其应当满足大众的美学的艺术需求，即利用烘托、对比和变化的方法，增添园林的美学价值，并通过科学搭配景物和塑造整体结构来展现相应的条理、秩序、韵律和节奏。最后，风景园林是一处公共空间，其应当满足大众的社会活动需求，即合理规划空间、安排场地和排布设施，并利用环境行为学理论来实现充分利用场地资源，以方便大众有效开展户外活动。

遵循自然规律。面对环境污染、资源短缺的残酷局势，人类在开发自然环境方面逐渐转变了态度，即在风景园林设计中，以“遵循自然规律”为理论基础，并以“维护生态平衡”为重要依据。总之，风景园林设计对自然的尊重，有助于控制废弃物排放和环境污染，有助于修复自然系统和生态系统，有助于传承和发扬地方文化，并有利于园林的长久发展。

巧用资源。为了降低城市风景园林的成本，要求控制好整个园林建设中的资源消耗，而最为有效的办法是根据园林设计要求和场地条件，合理开发场地，并充分利用场地既有的地理条件、水源条件、植被条件、土壤条件等，降低园林设计成本；科学配置资源，减少材料在购入、运输中产生的费用，并改造工艺，以降低工作难度；通过自愿参与和捐款捐物的方式，充分利用有益资源，从而节约资金。

降低维护成本。为了促进城市风景园林的长久发展，应当追求园林的长期效益，并正确预估维护园林的成本。园林的维护成本控制要求综合考虑以下内容：选择使用寿命长的耐用材料，并以人工方式延缓材料更换周期，以降低材料消耗；找寻有效的水源补给或有效降低水资源消耗，有利于节约水资源；合理使用电能等资源，以支持园林养护工作的高效开展；根据季节变化合理调配人力，并选择耐受性植物和建造自然的植物群落，从而降低园林维护的人工成本。

三、城市风景园林设计策略

转化运用场地中的资源。在城市风景园林设计中，转化运用场地中的资源有助于减少材料的购置、降低建造成本和减轻环境破坏，同时通过保留地方性文化，有助于场地内文脉的延续和内涵的丰富。场地中的资源包括自然、人造资源两种。其中，自然资源包括地形、山体、土壤、植物和水体资源；人造资源包括既有建筑、结构、硬化场地、道路和荒废设施等。从美学价值考虑，风景园林设计对场地中既有资源的运用需要解决一个问题，即如何实现新、旧元素的有机结合。对此，可从材料的形态着手进行处理，具体处理方式：原状保留是指原状保留场地中具有较高价值的自然、人工元素，用以纪念既有景观或延续其功能；修复更新，即修复现状景观，使其发挥作用；拆解重构，即将既有资源拆解成为个体或小的群组，然后再重组利用；新旧渗透，这是一种最为常见的处理方式，它是指将新、旧元素整合形成相互融合的、统一的整体，比如在自然河流的合适位置修建人工驳岸，将新的植物品种引入既有的绿地中。

选取地方性材料。地方性材料是对地域文化的延续和对当地景观特征的表达。研究认为，地方性材料本土化是人们对归属感的暗示。地方性材料的购入来源多，且距离场地较近，所以开发地方性材料有助于成本的降低。另外，相较于外地材料，地方性材料对当地自然条件的适应能力更强，这既可以使风景园林更好地融入环境中，获得更好的美学效果，又可以避免人工介入破坏动植物的栖息环境。面对“千城一面”的局面，风景园林设计选取地方性材料更具科学价值。

选取乡土植物。乡土植物是一类具有文化内涵且当地植物特色的植物。经过长期的人工引种和栽培、自然选择、物种演替，乡土植物的群落结构稳定，且生态适应性很好，从而保护了当地的生态安全。相较于外来植物，乡土植物所采用的繁育方法更简单。在营造郊野氛围、环境修复和荒地复绿中，乡土植物的种植方法包括：直接在种植地播撒种子；先在场地周边种植接种母株，再依靠风力或鸟群传播种子；移植表层土，将乡土植物的种子播撒在园林建设得中，从而实现种子的自然萌芽。研究表明，乡土植物的购入来源广、价格低且能很好地适应当地的环境，从而降低了园林的维护与替换成本。

满足大众需求。城市风景园林设计的首要目标是满足大众的需求。风景园林设计师应当坚持的最高设计准则是满足大众的喜好和需求，即：设法为使用群体提供质量更高的休憩、娱乐、体育、观赏和交流等环境体验空间，从而满足使用群体的生理和心理需求。为了在成本投入最低的情况下满足大众的生理和心理需求，风景园林设计可以采取以下实现方法：第一，因为当居民的文化层次、年龄、性别和阶层不同时，他们将有不同的游园需求，所以要求区分大众属性，以此为设计前提，合理取舍和组合园林景点，如在设置体育休闲活动空间时，组合设计孩子和老人的活动场所；第二，在生理需求上，风景园林设计最应满足大众对活动场地安全性、耐用性和舒适性的需求，同时还应在视觉、触觉、听觉、嗅觉和味觉上提供良好的体验，从而使受众群体放松心情；第三，在心理需求上，将风景园林打造成为大众的心灵家园，让大众拥有更强的满足感、新鲜感、归属感和安全感。无论如何，风景园林设计都应以了解受众群体的需求为首要原则，所以园林设计师不得按照自己的思维盲目设计场地，切实坚持“以人为本”的设计原则。

城市风景园林建设是维护城市健康稳定发展的重要内容，但因为一些主客观原因的影响，风景园林设计存在盲目性。对此，文章首先阐述了城市风景园林设计应当坚持“以人为本”“遵循自然规律”“巧用资源”和“降低维护成本”的原则，然后简单探讨了城市风景园林设计对策，用以指导园林设计师科学设计出满足大众需求的、符合当地城市发展的风景园林。

第三节　VR+ 风景园林规划与设计

建筑行业的发展对我国社会经济水平的提升有重要的作用，风景园林建设成为现代城市化建设的重点，能够促进城市化进程。传统的风景园林设计工作主要是依靠对设计图纸的分析与调整，然而这种工作方式效率较低。基于此，本节主要分析风景园林设计中的工作特点，通过使用虚拟现实技术，使风景园林设计工作能够更加便捷地开展。

传统的风景园林设计工作主要是依靠对图纸的分析与调整，开展工程建设施工规划。这种方式能够在一定程度上保障工程建设施工效用，但还无法对实际问题进行分析和解决。虚拟现实技术能够通过建立三维立体模型展示工程建设的实际规划，直观地体现工程方案，提高施工效率。在这个过程中，设计者能够获得更加真实的体验风景园林设计构造，直观地解决相关设计问题，减少设计施工变更带来的问题。

一、虚拟现实技术简介

在我国虚拟现实技术在各行各业中已广泛应用。虚拟现实技术主要是利用网络技术进行发展，通过对各种信息技术的结合，使整体技术得到提升，发挥效用。虽然我国风景园林建设项目的发展时间较短，但其对虚拟现实技术的应用还比较广泛，能够较好地满足设计者的要求。在开展风景园林建设施工的过程中，设计者需要有一个全面的感受及体验。这就可以通过对虚拟现实技术的应用对设计方案进行全方位的调整，通过视觉展示，明确其中的问题。虚拟现实技术在实际应用过程中具有较大的真实性，能够使得风景园林设计工作的细节得到加强，不仅能够保证工程建设施工的美观，还能够对技术及质量进行控制。风景园林设计工作需要考虑到实际施工过程中的气候等问题，并且还需要考虑到工程在不同季节下的变化情况。虚拟现实技术就能够考虑到这些问题，真实地展现不同季节下工程的实际效果，还可以结合不同的意见和方案对其进行改进。

二、虚拟现实技术在风景园林设计中的应用特点

全方位虚拟现实技术不仅能够满足空间设计的二维和三维要求，还能够将整体空间展现出来，使设计者能够针对空间问题对方案进行调整。风景园林设计工作的开展需要通过对讯息的分析，明确工程设计要素。虚拟现实技术能够使得工程设计中的所有内容得到体现，对空间进行准确的展现，其中的细节问题也能够得到体现。这种技

术应用能够使得工程建设的细微部分得到体现，设计人员就不会遗漏细节，还能够对方案进行全方位的调整，提升设计方案的可行性。

远程浏览风景园林设计方案经常需要由设计者进行分析，并结合工程特点对其进行修改。利用虚拟现实技术能够让设计者在计算机设备上观察自己的设计方案，还能够展现出自己的作品，使其明确设计作品特征。利用这种技术可以减少设计者与施工方的纠纷，主要是由于其能够通过远程发送的方式将自己的设计方案全面呈现给施工方。施工方在还没有实际开展施工时，就能够对设计方案进行浏览，结合施工特点提出相关意见。设计者能够结合施工方的意见，对设计方案进行完善，强化工程设计的科学性。

设计完美性虚拟现实技术的应用能够使得工程设计方案具有较强的合理性，一旦方案中某个部分不合理，就能够在利用虚拟技术进行展示的过程中凸显问题。设计者能够在计算机上随意切换设计视角，对设计内容进行体验，一旦发现其中存在问题，就能够及时改进。设计者可以直观地体会到工程建设施工效果，对自己的设计作品进行详细的检查。这种方式使得设计者在虚拟的环境中提升自己的设计水平，明确自身的不足，并且针对其中的问题进行改进，对于加强风景园林设计效用有较大的作用。

三、虚拟现实技术在风景园林设计中的应用

可行性分析在利用虚拟现实技术开展风景园林设计工作的过程中，设计者需要明确工程设计方案的要求，按照施工方提出的要求，提升设计方案的可行性。设计者需要组织相关人员对工程建设施工场地进行勘察，通过对地质、环境等情况的检查，设计出可行性施工方案。在对相关情况进行检查时，设计者可以明确其中可能存在的问题，收集相关的资料，然后将文字信息及数据等录入虚拟现实系统中，对方案进行初步体现。设计者可以利用虚拟现实技术对真实的施工环境进行模拟，使其对工程施工场地的道路、水流等情况进行了解，分析最佳施工方案。在这个过程中，设计者能够建立真实的工程施工场景和模型，解决其中的问题，构造真实的模型实现对风景园林工程的综合规划。

概念设计分析风景园林设计工作不仅需要以全面的施工方案作为基础，还需要让设计者具备较强的设计方案概念，使其能够进行概念设计分析，增强工程设计效用。在应用虚拟现实技术的过程中，设计者可以在虚拟现实系统中对自己的设计方案进行分析，观察设计模型，对工程建设情况进行合理的分析。设计者在处于虚拟现实环境中时，能够受到一定程度的感官刺激，活跃自身的思维，使其能够形成场地设计概念。在这个过程中，设计者能够将设计方案中不确定的内容进行改变，通过方案调整完善

图形信息。设计者能够在计算机系统中进行视觉体验，虽然完善了设计方案，但是还可以产生新的设计思想，使得工程建设方案更加完善，还能够贴近工程实际施工情况。

利用虚拟现实技术开展风景园林设计工作的过程中，设计者可以对园林场景进行设计，主要是通过对技术的应用准确刻画相关场景。风景园林设计工作比较复杂，在实际开展设计工作的过程中，需要体现其多维性。因此，设计者在对其造型进行考虑时，还需要结合社会因素和文化因素等，保证空间设计的和谐性。虚拟现实技术的应用能够使得设计者对风景园林设计内容进行控制，开展主体构思工作，对内容进行联系，使得构思更加完善。

在利用虚拟现实技术开展风景园林设计工作的过程中，可以对其中的数据信息进行分析，提升设计工作的准确性，并且在实际施工过程中可以实施。虚拟现实技术综合性比较强，在之后开展风景园林设计工作的过程中，可以打破传统思想，生成三维模型，增强设计方案的可行性，使工程建设施工更加准确。虚拟现实技术可以对信息进行传输，工程相关人员可以通过自己的构想，在虚拟现实系统中实施，利用虚拟现实技术完善设计方案。在之后的发展过程中，虚拟现实技术的应用会逐渐广泛，能够使风景园林设计效用提升，对强化技术作用有较大的意义。

综上所述，风景园林设计工作的开展使得我国城市化建设更加快速，对提高我国整体经济水平有较大的作用。利用虚拟现实技术能够使得设计工作的开展更加直观，便于发现其中的问题。虚拟现实技术可以与其他技术相结合，实现技术创新，对增强风景园林设计的可行性有较大的作用。

第四节　数字时代风景园林规划设计

传统风景园林规划设计融合新时代数字技术的发展成为一种趋势，重点在于用传统风景园林规划设计，与参数化规划设计两者之间进行对比，使用现代景观生态学的原理总结出参数化规划设计方面的优势，充分分析参数化在风景园林规划设计中受到的阻碍，阐述参数化发展在风景园林规划设计中的重要意义。

人类已经进入智能化时代与数字化时代，在不同行业已经使用参数化规划设计的方式完成行业的改革与创新，比如航空与船舶等行业，在发展上带来了极大的冲击。参数化发展在后期逐渐运用到建筑领域，并且发展成为最时尚、最具有潜力的建筑设计风格，这种改变已经突破了传统建筑设计中建筑人员对建筑方面的局限性，很大程度上推动了建筑行业的进一步发展。

一、风景园林学发展概述

风景园林学的发展有一定的历史轨迹，这种发展轨迹无论是国内还是国外，都有明确的风格变化。早期的农业时代，国内设计还是国外设计基本上都尊崇自然风格，并且以此为创作要素。所以风景园林创作的呈现方式都是自然的画卷，如西方比较显著的自然式田园风光以及中国诗情画意的园林建筑。风景园林的发展有着非常漫长的历史，以几乎在同一时间出现的东方圆明园与凡尔赛宫为例，两者在设计与规划上着重体现了源于自然但是高于自然的一种创作形式，在发展上都是以自然生活为主要的目的。但是在不断的发展中，人类进入工业时代，工业的发展与进步加速了城市的发展，最显著的体现就是城市出现之后造成对环境的污染，污染环境的同时还伤害人类的生存环境，在这个时候风景园林的本质有改善环境和恢复人类身体健康的使命，因此开始建设大量的绿地与公园。随着人类进入了后工业时代，这个时代的人们意识到绿地与公园的建设并非改善环境的最好方式，在深入的研究后明确了生态学的另一个目标，就是确保人类种族的生存与延续，所以景观生态学称为风景园林中的主要方向。在这个阶段人们逐渐提出一些相关的理念，比如“设计结合自然”等规划设计方式。

二、传统规划设计与参数化规划设计的比较

1. 传统风景园林规划设计。

（1）传统风景园林规划设计。传统风景园林规划设计可以从字面意思来理解，即风景园林规划设计、风景园林设计。从实际操作与字面意思理解来看，规划是大范围大规模的一种设计，研究的策略主要解决空间内部、内部与外部之间的联系，在研究上重点倾向于人类、土地以及一切可持续发展之间的问题。而设计总体上比规划规模更小一些，设计主要针对尺寸，重点在于细节处的表现，如地方特色与风土人情，在规划设计中还倾向于设计亮点。但是不管是规划还是设计，传统风景园林在规划设计上都使用实际调研、走访场地与了解客户的意思为主，而对于水文、气象等自然方面的因素，基本上只作为一个参照的对象。所以传统的风景园林规划设计就是对现场的一个规划、绘制草图、通过一系列的绘图软件把人脑中存在的关于设计方面的概念清晰地表示出来，最终建设完成的风景园林规划设计。

（2）弊端。传统风景园林规划设计比较局限，规划设计针对一块场地进行，以场地周围的环境信息综合考虑找到合适的数量与位置之后，确定中心景观的位置。其次是路网规划，将场地分块将功能分区，边缘线条默认为道路。这是传统风景园林规划设计中的常规思路，但是在具体设计的时候我们会发现解决问题的设计太少，往往规划设计上更加注重形式，在平面设计与视觉冲击上有很强的效果，但是正是因为如此，

国内的景观设计基本上千篇一律，随意抄袭，设计成果与设计效果并没有什么特殊性，往往实际的生态效果反而被忽视。

2. 参数化风景园林规划设计。

（1）参数化风景园林规划设计。参数化风景园林与传统风景园林设计有本质上的区别，它在设计上倾向于对气候、地形、水文等之类的因素进行详细的分析，在数字化的基础上建立起参数关系构筑一个景观系统，通过在设计阶段对影响因素进行详细的分析，得到有意义的信息数据，把得到的数据信息分类且筛选，制定出相关的规则，建立参数关系来确保参数与实际场地之间相互符合的结果。而为了更好地理解参数化风景园林规划设计，文章以生态学中的斑块—廊道—基质原理来直观地展示工作模式。

斑块—廊道—基质是由国外引进的理论，由美国生态学家 Forman 与法国生态学家 M.Gordon 提出，斑块指的是外貌与性质上与周围环境不相融合，但是在内部结构与性质上存在一定联系的内部空间设计，所以在内部存在一定的共性外界环境具备异质性质的一种生态学设计。廊道是指两者之间具有一定的联系，但是存在不同的带状或者是环状的结构，连接斑块让其存在一定的关联性。其特性是宽度、组成内容等等具备基底的作用。基质是指在风景园林设计规划中分布最广、连续性最大的与斑块、廊道相连接的背景结构，是风景规划设计中的总体动态与整体规划中具备主要功能的特质。所以参数化设计对于现代风景园林规划设计而言具有非常现实的意义，是传统风景园林规划的一种变革方式。

（2）参数化风景园林设计发展优势。以参数化规划设计方式完成的景观，实际上尊重了景观的生态性和自然性，使用“斑块—廊道—基质”原理在理解上可以把要规划的风景园林场地想象成基质景观和一个连续性非常强的大背景结构，在这个场地中无论场地被分隔成何种斑块，它都是自成一体的和谐结构。当代景观都市主义者、景观生态过程学者等之类的人员已经在风景园林现代设计中达成了共识：现代风景园林设计追求的应当是动态平衡的连续性很强的复杂的生态系统，其中包括了诸多生态环境中涉及的要素，如水文和地质等，而美学性和艺术性的考虑在这种共识的考量下成为其次。景观生态学人员与景观都市主义者、生态学专家等人意识到地球生态系统是一个复杂、多变、巨大的生态系统，城市风景园林建设和郊野、农村等只是构成城市的一个部分，在规划设计上要注意大生态圈与其之间的相互作用关系，这种关系并非简单的数字几何等可以阐述的。在设计上需要遵循自然发展之间的复杂性与联系性，一个小小的改变就会导致自然界中连锁反应。

三、分析参数化风景园林规划设计中的阻力

虽然参数化风景园林规划设计具备一定的优势，但是目前发展的可行性仍旧不高，

一方面是由于环境的局限性导致参数化发展受到限制。在风景园林规划设计中，包括很多专业人士对参数化风景园林设计也心存疑虑，所以参数化风景园林在推行与发展上具备一定的难度。另一方面是社会层面对参数化风景园林设计存在一定的认识缺陷。参数化风景园林规划设计理论发展并不全面，概念不清导致在发展上受到理论的限制。同时参数化风景园林规划设计还缺乏专业人才，国内目前由于理论知识不足以支撑实践的运用，人才的培养开发是极大的问题。同时计算机软件的开发也是参数化风景园林设计上缺陷之一。新时代发展以来国内的风景园林设计在一定程度上得到了很好的发展，但是整体上并没有取得巨大的突破，反而计算机等高新技术核心领域内需要借助国外的科技力量来完成相关的研究，这对于参数化风景园林的规划设计而言是巨大的缺陷。目前国内的风景园林设计中，参数化规划设计存在一定的不足，在指导方针与规范条例上并没有明确的规定，而且国内缺乏推广参数化设计规划的平台与相关的驱动力。所以国内的风景园林规划设计数字化还需要不断发展，在发展上还要走很长的一段路。

四、基于参数化风景园林设计规划的思考

现阶段的中国发展参数化风景园林设计，需要正视目前发展中存在的限制因素。现阶段的发展特点是注重表面形式且漏洞百出的艺术设计，而观其主要原因是当代一部分人的设计思想扭曲，更重视政绩工程的建设。而对于其未来的发展应该是数据充实系统完善的科学设计，对于这个方向的发展，还需要做出很大努力与改进。KPF资深合伙人 Larson Hesselgren 认为参数化设计之所以形成目前的格局是受到城市发展政策的影响，所以目前的发展没有质的突破。虽然参数化设计可以根据环境因素设置参数进行控制，但是城市设计基本上都是偏向呈现文化和社会性质因素，如城市地下轨道系统与自行车系统等等，都是政策问题而非生态需要，在使用上会更多涉及政策投资问题。参数化设计在建筑层面的发展已经进入新的阶段，如兴起的 3D 打印技术与数字制造技术两者的融合，让施工工艺更加简单，如上海某售楼中心使用的 3D 打印技术就成为比较典型的案例。

数字化发展已经在各行各业掀起一股浪潮，但是由于学科本身的限制，有关参数化风景园林规划设计的理论与相关的技术基本上都是空白，很多经过国外引入，或者是相关的学科引入，并没有专业理论与规范指导，也没有影响力，因此这种数字理论与技术如何在国内构建是业内人士需要考虑的问题。从整体上来看，数字化风景园林规划设计可以细化为环境认知、设计构建、建筑评价、设计媒介等几个环节构成严谨的网络体系。关于数字化风景园林规划设计，要遵循几个原则，第一，动态的网状系统与快捷的数据流动;第二，环境认知阶段重要性的强化;第三，以参数化的算法设计、

BIM 技术为核心的数字设计构建；第四，风景园林规划与风景园林设计的数字策略上的差异性；第五，重视人的主观能动性。

信息化与数字时代的到来让人类的发展迎来了又一次的机遇，风景园林趁着数字化与信息化发展改革创新也是非常具有现实意义的发展。虽然在目前的发展上还存在很多阻力，但是相信在科学技术的支撑下将会推动国内风景园林事业更好地发展。

第五节　风景园林规划中园林道路设计

园林风景是城市基础设施基础，推动了我国城市化建设的进程，在建设过程中发挥了重要作用，园林风景规划的重点内容就是园林道路规划，园林道路贯穿了园林景点的各个部分，具有点缀景观、划分空间及疏导人流等多种作用，园林规划的种类有很多，根据不同类型其作用也不相同，所以，在规划园林道路时，要坚持基本的设计原则，根据实际的环境条件及设计要点，进行合理的规划，充分发挥园林道路的作用。

一、园林道路的分类及其功能

园路分类。从功能方面分析，园林道路主要划分成主干道、支路、变态路及游步道等四种类型，主干道是指园区的入口延伸向每个景点的道路，进入景区的人群都需要经过的道路，除此之外还要满足车辆的行驶，所以主干道通常较宽阔平整。支路是辅助型道路，主要是连接景点或园内建筑之间的道路，主要功能是供游人行走，也允许小型的管理及服务车辆通行，支路通常平整，但不是很宽阔。变态路，具有特殊性，其主要是为了满足游赏功能的差异性，比如磴道、步石等一些特殊的路径。

分析园林道路功能。园林景区内的纵横交错的路径与园内景观相互呼应形成了一道美丽的风景，园林道路的功能主要有组织空间、构成园景及疏导人流等。构成远景，园林风景通常是由山水、绿植花卉以及各种建筑等共同构成，蜿蜒曲折、铺设精美的园林道路，与景区景色相互呼应，丰富了园林景观的意境，因此园林道路也是园林构景的重要元素。组织空间，层次分明、区域划分清晰的景区才能为游客提供更好的园林体验，因此完善的园林景区必须具有不同功能的景观区域，从而满足游客的观光需求，园林道路规划能够很好地对园林的空间进行最佳布局，设计科学合理的园林道路，能够更好地连接或者分隔不同功能的区域空间。疏导人流，能够在景区内合理地进行人流的疏导，才能为游客提供最佳的观光体验，园林道路可以正确引导游客进入景点。园林道路除了具有通行的基本功能外，同时还具有衔接各区域景点、点缀景点的特点。

二、园林道路的设计及规划要点

确定园林道路的分布密度与尺寸。园林道路设计的首要任务是分布密度及尺寸的确定，确定数值的影响因素诸多，其中基础参数是人流量，在进行园林景观规划时设计人员要预判人流量的合理性。针对较大人流量的区域，要规划功能不同并且路面比较宽阔的园林道路，另外，随着社会的不断发展，人们游玩园林的方式也在日益改变，目前的园林理念不仅是让人们观赏到园林的景观，而且要融入景观中，例如，在园林中开展一些娱乐活动，所以说，园林的道路设计，一定要考虑到休闲区域规划，这样才能满足不同游客的需求。园林道路的合理规划，能够提升游客的观赏体验，园林道路的设计也要具有特色，要与园林景色相得益彰。

园林道路的整体布局。园林道路的基础组成部分有平面、路口及立面，在进行整体园林道路规划时，需要对以上这几个部分进行详细的设计。在进行平面规划的时候，园林道路平面布局主要包括自然曲线以及几何规划这两个形式。在对普通园林进行规划的时候，要对园林内部的曲折道路进行详细规划，这样不仅仅可以为游客多角度提供观赏园林景色的机会，还对景深的延长有明显的效果。在对大规模的园林进行规划的时候，可以将自然曲线和几何曲线进行混合规划，这样就可以保证园林景观的错落有致，从而突出园林的美景。对于立面布局而言，其主要是根据不同的景点进行功能性的规划，最为常见的就是需要设置长椅、石阶、长凳等基础设施，结合错落有致及蜿蜒的道路设计，能够展现园林景观的生动性。路口规划，在园林中，最多的就是三岔路口以及十字路口，在进行设计的时候，要尽量减少十字路口，而且景点的距离和路口的距离不能太远，才能给游客提供最佳的体验。道路设计的初衷就是为人提供便利，因此园林道路的设计始终以游客的角度出发，设计合理的为游客服务的道路。

园路的铺装设计。园林道路从具体形式上可分为特殊型、路堑型、路堤型等类型，根据功能的差异性其铺装设计也具有很大差异，园林道路的路基通常选择沙石基层及块料面层，这是一种生态型道路，具有良好的透气及透水性特点，能够有效补充地下水，从而促进周围绿化植物的健康生长，园林道路进行铺装时，还要与园林景观的特征及意境相融合，并且具有协调性，生态型道路可以自然地过渡，能够保证道路及景观的融合性及协调性，另外现在人们越来越喜欢融入自然，亲近自然，所以在设计铺装时要减少人工雕琢的痕迹，要确保园林道路充分融入周围景色，使游客体验到浑然天成的自然景观。

分析园路与建筑物之间的布局设计。建筑物主要分为外部建筑及内部建筑这两种形式，内部建筑其实就是景观的组成部分，外部建筑则是在园林景区周围分布的建筑物。内部建筑，园林中的楼阁亭台等建筑都属于内部建筑，其形状和高度都直接影响园林道路的设计，要从观赏建筑物的层面出发，尽量不要设计直接贯穿建筑物的道路。外部建筑，目前的城市园林景观与城市的生活融为一体，大多数的园林景区都临近居民及商业区，因此必须在通往大型建筑物的路口规划广场，可以很好地起到疏散人群的作用及为游客提供休息的地方，能够防止拥挤的现象发生。

园路与其他元素的布局设计。园林景观的两大元素主要是水体及绿植，进行园林道路规划时，要充分考虑水体及绿植的关系，进行合理布局，可以促进园林及景观的充分融合，给游客仿佛置身于画中的体验。水体，我国的风景园，最常见的元素就是水体，应该在水体的周围规划环绕型的道路，可以将不同区域的景观与水体相互关联，在水体附近要规划宽阔的游步道，方便游客观赏水体景观。绿植，园路景观不能缺少绿植，绿植是景观的重要点缀，绿植还可以使园林景观更加深邃，意境更加丰富。园路与景观的自然融合，满足了游客追求体验自然、参与自然的需求，同时使园林的景色更加优美，使园林景色犹如画卷。

在不断地扩大城市规模时，在人们的生活中接触的景观比较单一，城市的自然景观很少见，大多都是钢筋混凝土的建筑物，人们对城市自然景观的需求越来越大，在高节奏的生活之余，人们更愿意体验大自然，亲近大自然，从而放松身心，因此，在进行园林道路设计时要必须严格遵循设计原则，积极地进行设计创新，为游客提供更最佳的观光体验。

第六节　城市时代下的风景园林规划与设计

随着城市化进程的进一步推进，环境问题也日益成为社会关注的焦点。人们的环保意识逐渐觉醒，在城市化过程中开始寻求一条既有经济效益也有生态效益的发展之路。而城市的风景园林规划与设计就是这条生态发展之路中的关键，它不仅能够改善城市的环境，还有利于实现城市的可持续发展，实现经济效益与生态效益的统一。但目前，城市的风景园林建设尚存在许多不足之处，限制了城市的发展。故此，主要对城市进程中风景园林的建设问题进行分析，探究城市生态文明建设的新出路。

随着环境问题日益凸显，国家及各级政府都着力对城市环境进行改造和建设，为城市的风景园林规划与设计带来了前所未有的机遇，在一定程度上改善了城市的环境，推动了城市的生态文明建设。但由于各种主客观因素的影响，我国的城市风景园林规划与设计具有较大的局限性，如规划与设计没有创新性，只是一味地照搬西方的模式，或者只是模仿中国传统园林形式，没有自己的特色，体现不出自己文化的民族性，造成我国大多数城市的风景园林规划与设计千篇一律，未能创造出人民群众真正需要的景观环境。

一、风景园林的规划设计对城市建设发展的重要性

有效推进城市风景园林工程建设。风景园林的规划设计就是指在进行城市风景园林建设前，由设计者根据城市发展需要的环境需求绘制园林工程图纸，制订关于植被类型、施工步骤、技术、器材、地点、管理等方面相关方案的过程。以此来对风景园林建设中所遇到的问题进行预设并思考解决问题的策略，从而能及时对施工问题做出指导，推进城市园林工程的建设。这样通过风景园林工程的方案设计与规划，就有利于促进项目有目的有计划地进行，提高城市风景园林工程的建设效率与质量。

推动城市生态文明建设。在现代城市发展过程中，在经济效益的驱动下，很多城市曾经造成了众多环境问题，如水污染、雾霾等，带来的这些环境问题，让人们意识到了环境对生产与生活的重要性。为了经济社会的可持续发展，人们开始重视城市的生态文明建设，致力于城市的生态建设，而评判一个城市生态建设效果的重要标准就是城市的风景园林建设程度。因此，城市风景园林规划与设计是否合理，是否科学，直接影响到整个城市的生态文明建设，影响到城市建设中的生态效益，以及城市的可持续发展。所以说，做好城市风景园林的规划与设计，有助于推动城市的生态文明建设。

二、现代风景园林规划设计面临的局限性

现代风景园林规划设计植被选择单一。生物的多样性是自然界的基本特征，对城市进行风景园林的规划设计就是希望达到人与自然的和谐发展，尊重自然的规律、保护自然的原本生态性与城市的自然性、生态性。但是设计者在进行风景园林规划设计时，只关注了绿色植物的生态性能，未曾考虑在选用绿色植物时如何保持生物的多样性。所以很多城市的园林植物大多千篇一律，植被结构单一，影响了生物的多样性，影响了风景园林工程的整体价值。

现代风景园林规划设计缺乏创新性。一个城市的风景园林不仅要体现其生态的价值，还需展示观赏的价值，体现城市文化的价值。但是目前众多城市的风景园林在规划与设计方面基本处于模仿阶段，缺乏新意，没有真正地表现城市的个性、地域的文化与民族特性。所以说，现在的风景园林规划往往只看到生态的价值，却看不到观赏的价值和城市文化的价值。

现代风景园林规划设计人员的综合素质较低。风景园林规划的设计方案是园林设计师知识与智慧的结晶。它要求设计师具有较强的环境、生物、地理、美学、设计学等综合知识，对设计师的综合素质要求较高。而现实情况是很多园林设计师的专业素质较低，对风景园林设计要求的理论学习领悟不透，有的设计师因实践经验比较缺乏，设计出来的园林设计方案的可行性不强，导致与实际需求出现偏差，缺乏科学性与合

理性，严重影响了后期风景园林工程的建设。

现代风景园林规划中绿化面积严重不足。随着城市人口的不断增长和对经济利益的追求，人们对住宅空间、商业空间和工业空间的进一步需求，致使在城市中仅存的绿化面积非常有限。如何最大限度地发挥有限的绿化空间的作用，推进城市的生态文明建设，是现代风景园林规划与设计者着重考虑的问题，也是风景园林设计方案中面临的瓶颈。

三、城市时代下风景园林规划与设计的改良攻略

选用多种绿色植物类型，完善生物多样性。设计师在风景园林规划与设计的时候，不仅要充分考虑风景园林对城市环境的重要作用，规划的合理性、科学性，也要考虑园林中植被的多样性。可以选择多年生草本花卉与一、二年生草本花卉相结合，乔木、灌木、竹类相结合等不同类型进行合理科学的搭配，体现生物的多样性。同时，还可以将植物融入建筑的设计当中，充分体现人与自然和谐的意境，形成独特的组景效果，体现城市的生态性建设。

综合中西方风景园林规划设计元素，提升创新性。纵观每个城市的风景园林设计，就会发现更多的是人工雕琢的痕迹，而且城市与城市之间没有什么区别，没有自己的个性与特色。这就要求设计师在进行园林规划与设计时，既要学习西方的设计理念，也要融合当地的地方的文化特色。可以在风景园林规划设计中加入中国“诗词”元素，少数民族元素等，使园林的设计具有地方的特色，呈现出与别的城市不一样的地方。同时，不必对园林植被过多地进行人工的雕琢，保持植物的自然性，更有利于体现城市园林的生态性，推进社会自然的和谐发展。另外，要提升风景园林规划设计的创新性，还可以通过城市绿化带的充分利用来展示，可以采用主题绿化带的形式，凸显城市的生态建设，展示具有自我特色的生态文化。

提高风景园林设计师的录用标准。因为设计师的素质关系到风景园林设计方案的效果，关系到风景园林工程的质量与效果，所以城市的主管部门在招聘园林设计师时，要注意选择理论水平较高、实践能力较强的设计师来设计。最终筛选出具有较高理论，操作能力强，具有创新精神的设计师来进行风景园林的规划与设计，从而有利于从根本上提升整个园林设计的生态效益，促进城市的生态建设，充分发挥园林设计在人们生产生活的生态作用。

合理规划与开发绿化面积，实现绿化面积多元化。在城市发展过程中，能直接作为风景园林的用地是非常有限的。为此，设计者在规划时，一定要善于利用一些小的绿化带、过渡带以及街道旁边的小空地，还有小区、社区周边的护栏围墙进行园林的规划设计。当然除了充分利用边缘地带之外，还需要在考虑城市可持续发展的基础上，

开发新的绿化地带，创造一定的风景区、园林区，实现绿化面积的多元化，丰富园林景观的类型。

城市风景园林的规划与设计，是城市生态文明建设的关键环节。只有完善城市的园林设计方案，才能更好地提高城市的环境质量，创建生态城市，促进人与自然的和谐发展，为人类提供一个适宜生存与发展的空间。

第七章　中国园林景观艺术设计类型及设计思想

第一节　中国园林景观艺术设计的类型

中国是世界园林起源最早的国家之一，与古希腊、西亚并称为世界造园史中的三大园林流派。中国古典园林大致可分为皇家园林、文人私家园林、寺观园林。中国园林从殷周的雏形到今天，已有两千七百多年的历史。汉代在此基础上发展了以宫室建筑为主的建筑宫苑。两晋、南北朝时期发展成山水园林，这是一个不可忽视的历史阶段，它奠定了我国古代私家园林的基本风格和“诗情画意”的写意境界，并深刻地影响了皇家园林的发展。唐宋两代，将诗情画意融入园林，特别注重意境的表现。唐宋园林对后世的影响最大。到明清两代，园林建设继承了传统园林的艺术成就，达到了园林艺术的最成熟阶段，留下许多经典作品，并创造出具有民族特色的园林理论专著《园冶》。

一、皇家园林

从中国统一开始，以后各朝代皇家所建立的私有园林，都应称之为皇家园林。现在我们能欣赏的皇家园林，多为清代的皇家园林或遗迹，集中分布于北京、河北一带。是皇帝居住和朝见的宫室或供游乐的宫苑，如圆明园、颐和园等。

清代皇家园林造景模仿全国各地的名园胜迹置于园中，特别是江南的风光与胜迹。设计中根据各园的区位地形及特点，将全园分为若干主要景区，每个区内都有不同趣味的风景点，如避暑山庄有三十六景、圆明园有四十景等，每个景点都有点睛的题名。这种艺术手法主要取自“西湖十景”等风景名胜区的一些传统及典故。乾隆皇帝的六下江南对皇家园林设计影响很大，江南一带的优美风景，为清代造园提供了创作粉本。

（一）传统文化的影响

我国儒道释传统文化都对园林景观设计产生了深远的影响。如将宇宙事物综合归纳为天、地、人三才，人作为宇宙的一部分，应敬天爱地与天地参。所以“崇尚自然，师法自然”成为中国古典园林创作所遵循的一条准则。在此思想指导下，中国古典园林把物质性构件有机地融合为一体，在有限的空间中利用自然、模拟自然，把自然美与人工美统一起来，追求与自然环境协调共生、天人合一的理想家园，创造出独具特点的园林艺术风格。

（二）皇家园林的主要特征

1. 规模宏大、气派

皇家园林无一不是占地面积广阔、建筑恢宏、金碧辉煌，尽显帝王气派。设计上多采用“集锦式”的分散布局方式，按地形、地貌把园区分为山区、湖区、平原区等分别进行具体设计。这类园林的横向延续面一般都比较大，容易出现景物空旷的现象，为了避免出现空疏、散漫、平淡和山水比例失调的状况，在园区规划时，一般设计一个或几个以较大水面为视觉中心的开阔景区，其他地段上则采取化整为零、集零为整的规划方式，划分出许多面积比较小、相对幽闭的小景区，并使每个小景区都能自成单元，以不同的景观主题和不同的建筑形象，来完善园林的整体形象和功能。它们既是大园林的组成部分，又是相对独立完整的小园林格局。形成园中有园的“集锦式”的格局。

2. 建筑风格多姿多彩

建筑风格多姿多彩、金碧辉煌是皇家建筑的特点，在清代皇家园林设计中，无数景点的建筑风格，无一不是气势辉煌、精工细造，既有玲珑秀美的江南私园景色，如杭州苏堤六桥、苏州狮子林、镇江宝塔等，又可见到别具风韵的民族建筑和对佛道寺观园林的包容，如北京的北海公园以藏式白塔为中心的琼华岛，还有欧洲文艺复兴时期的“西洋景”，如圆明园中的许多仿欧式风格的建筑。各种园林流派和造园思想在这里汇聚和积淀，建筑风格多姿多彩，形成了气势浩大的皇家园林体系。

3. 功能齐全

在皇家园林设计中，对使用功能的设计也是非常齐全、完善的。在园中既可以处理政务、接受朝贺，又可以休闲看戏、居住修炼、游园观赏，还可以游戏打猎等，使用功能合理、完备且非常奢华。

二、私家园林

私家园林主要是官僚、地主、富商为满足生活享乐或逃避现实政治而建造的私人园区，既在城市环境中居住，又能享受自然风光之美、山水林泉之趣。私家园林由于经济能力和封建礼法的限制，一般规模都不太大。但要体现大自然的山水景致、万般气象，还有居住者的人文趣味及诗情画意，就必须对自然世界和人文情怀做典型性的概括，由此引出了造园艺术的写意创作方法。中国园林建筑以木质为主体结构材料，由于木质容易朽毁，所以传统园林完整保存的年龄受到限制，遗存下来的古代园林以明清代最多。明清园林便成为中国古典园林的总结。明清江南私家园林集中在苏州和扬州，这也是明清两代经济和文化较为发达的地区。

（一）传统文化的影响

私家园林的文化特征是曲径通幽、诗情画意，秀美而又富于变化，规划布局自由散淡、结构不拘定式。青瓦素墙，小桥流水，翠竹叠石，从不以非常直白的表现手法表述周边环境，而是以层层围合、迂回含蓄的表现手法来表现宽松、洒脱、淡雅的民居园林特征，这之中包含着中国传统文化和传统审美的主要特征。以苏州园林为例，受传统文化的长期浸染，园林设计表现的文化底蕴极其深厚，其中以道家思想对其影响最为深刻，追求清静与朴素的脱俗境界，以表现主人雅致、秀婉、内敛的超脱心态。

（二）江南私家园林的特点

1. 山石水景人造天成

水景和假山叠石分别代表自然界的水体与山丘，是中国园林的设计要素。中国园林视水为造园之要事，无水之园则不成为园，有水仅为止水也不足成为园林之趣，山与水相配，水与山相成，所谓“山脉之通，按其水径，水道之达，理其山形”。水是中国园林艺术中活的灵魂，水景是园林中最富力的景观，“山贵有脉，水贵有源，脉源贯通，全园生动”。它同山石景观动静辉映，相得益彰。设计者往往根据假山峰石的脉络走向，组织水的源头与流向，构筑各种形态的湖池溪泉，把自然山水中的峭峰飞瀑、峡谷深渊、曲岸平湖、幽陵溪涧等不同风格，浓缩引入园林设计中。让叮咚的水流声，感染游人，使人感觉身处自然山水之中，诗趣顿生，神魂俱醉。

2. 花木栽培趣味横生

中国园林的树木栽植，不仅为了绿化，更重要的是具有诗情画意。园林中的草树花卉，多为人工栽种与养护，按一定的审美要求和景观效果对其进行艺术加工，通过加工的草树花卉显得更具自然气象，使其更具景观效果和人文趣味。“山得水而活，得草木而华”，园林有了多姿的植物，才会有生气和趣味。和叠山理水一样，园林花草树木的点缀也注重顺应自然，大都重姿态而不求名贵品种，要有画境。山东曲阜孔府的古柏，苏州拙政园的枫杨，都是一园之胜。

3. 注重景观的布局，以游廊分割景区引导人们视线

常用的造园手法有借景、对景、漏景等。园林中最重要的空间运用手法是借景，借景的方法被明代计成称为“林园之最要者”（《园冶》），即突破园内自然条件的限制，充分利用周围环境的美景，使园内外景色融为一体，产生丰富的美感。比如苏州沧浪亭，园外有一湾河水，在面向河池的一侧不设围墙，而设有漏窗的复廊，外部水面开阔的

景色通过漏窗而入园内，使沧浪亭园内空间顿觉扩大，使人们在有限的空间中体会到了无限时空的韵味。

4. 以小见大，曲折幽深

园林艺术的关键在于“景”。为了求得景的瞬息万变、意境的幽深、引人入胜，中国古典园林在布局上无不极尽蜿蜒曲折之能事，无论是分景、障景、隔景，都是为了追求“曲”，使景致丰富深远，增添构图变化，以达到景越藏则意境越深的效果。而曲折、含蓄又主要是通过园林各组成要素之间的虚实、疏密、藏露、起伏错落、曲直对比以及它们之间的巧妙结合来充分展现。“大中见小，小中见大，虚中有实，实中有虚，或藏或露，或深或浅，仅在周回曲折四字也”(沈复《浮生六记》)，“水必曲，园必隔”讲的正是这个道理。所以中国园林不论是整体布局还是局部设计都十分讲究曲折变化，追求一种“虽由人作，宛自天开”的自然情趣。苏州网师园面积只有 9 亩，主景区围绕水池建有廊、亭、馆等建筑，游廊嵌入水面的六亭，被认为是苏州古典园林中以少胜多的典范。

第二节　中国园林景观艺术设计的思想

一、中国古典园林设计思想对建筑室内生态景观的影响

（一）中国古典园林设计思想与建筑室内景观

中国园林的艺术特色，是两千年来封建统治阶级以及文人雅士们的价值观念、社会思想、道德规范、生活追求和审美趣味的结晶。崇尚自然、热爱自然、亲近自然、欣赏自然和大自然共呼吸，这是古往今来人们生活中不可缺少的重要组成部分，园林作为自然的生活的环境场所，理应为人们所追求。自古以来就有踏青、修楔、登高、春游、野营、赏花等习俗，并延续至今。对植物、花卉的热爱也常洋溢于诗画之中，苏东坡曾云:“宁可食无肉，不可居无竹”；杜甫诗云:“居必林泉，结庐锦水边”。可见，人们对自然美景的追求是永无止境的。早在六朝时期中国古典园林就有了私家与皇家之分，而后造园艺术日趋完善，皇家、私家园林自成其独特风格，构成各类传统，为现今室内景观的设计带来了深远的影响。

“景观”与“观景”是中国古典造园中经常运用的手法，传达出隐晦、含蓄的意境变化。在布局上，中国园林常常运用内外兼而有之，你中有我，我中有你的手法。苏州拙政园的水廊，外廊曲回，苍翠层送的林术莹纡涵碧的水面之中。水廊筑于其中，水天一色，内外相应，给人以视觉离心、扩散的感受。

在中国古典园林中，人的参与使自然的运动最终形成完整的过程，如园林中用石的手法：石头是静止的、坚硬、无生命的天然材料，而中国式的古典思维却将其拟人化了，山石成为人与自然之间沟通的桥梁。

随着人们生活水平的进一步提高，对精神上的追求也日渐提高，在室内环境中，人们要求空间布局合理，人流导向简洁、明确。这样才能“可行”；室内要有高级艺术摆设，墙上要有壁画和饰物，这样才能“可望”；室内要有水池、涌泉、瀑布和各种绿化的点缀才有“可游”的价值：同时在周边环境中应设有与人们生活息息相关的餐饮、休闲、娱乐等场所，人们才有“可居”的意义。

（二）园林设计引入室内景观设计

在人类早期的建筑活动中，就已经采用在建筑中引入园林造景的方式将自然引入室内来改善内部小气候，营造舒适的生活环境。今天，先进的技术为把园林自然环境引入建筑室内部提供了有力的支持，使其呈现出多种多样的方式。

1. 庭院 (天井)

庭院，是中国古建筑群布局的灵魂。这一引入自然的古老方式，在现代建筑中依然被大量地运用，它在建筑空间中不但起着通风采光的作用，而且成为建筑空间的重要组成部分，增强着建筑空间的表现力。程泰宁的作品杭州黄龙饭店在建筑与庭院相结合的处理手法上有异曲同工之妙。黄龙饭店建在西湖风景区与城市的接合部，建筑面积 4 万多平方米，设计摆脱了一般大中型宾馆的设计模式，借鉴中国绘画中“留白”的手法，将 580 间客房分解成三组六个单元，围绕一个大型的室外庭院布置。通过单体间的“留白”，避免了采用其他方案可能出现的庞大体量，从而使自然环境和城市空间与建筑空间得到完全的渗透和融合。作品充分体现了庭院作为空间构成的重要角色在现代建筑中所起的作用。上海龙柏饭店室内庭院将庭院引入建筑室内设计中，丰富了室内建筑空间。

2. 中庭

建筑的中庭这一概念其实也起源于庭院 (天井)，据称，希腊人虽早在建筑中利用露天庭院这一概念。后来，罗马人在这一基础上加以改进，在天井上加盖屋顶，形成了有顶盖的室内空间的雏形——中庭。如今，中庭这一形式有了很大的发展，其跨度之大、高度之高、内部空间之丰富均非昔日可比。阳光、植物、流水等自然要素被引入中庭，引入了建筑内部，内部空间被赋予了外部空间的特征，成为人们喜欢逗留和举行各种活动的场所。我国传统的院落式建筑布局，其最大的特点是形成具有位于建筑内部的室外空间即内庭，这种和外界隔离的绿化环境，因其清静不受干扰而能达到真正的休息作用。自 20 世纪 80 年代以来，我国也开始兴建带有中庭的大型公共建筑，如广州白天鹅宾馆部分就设计了一个高三层的中庭。中庭由项部天窗采光，中庭的一角筑有假山，假山上建有小亭，人工瀑布从假山上分三级叠落而下，名之曰:“故乡水”，以唤起海外华人的思乡之情。

3. 借景、对景

如果说上述几种引入自然空间的方式是实实在在将自然的要素引入了建筑空间，可称为“真实的引入”的话，那么，建筑通过借景、对景来引入自然景观的方法，可称之为对自然的“虚拟的引入”。自然本身并没有被移入建筑之中，只是进入了人们的视线，但能在建筑中观赏到外面的自然景色，与自然进行沟通，所谓“望梅止渴”，也不失为人生的一大乐事。

与室外园林的借景不同，室内自然景观除了可以借用室外景观，还可以借用室内建筑景观。在借景的同时，室内自然景观本身又被借用，成为建筑室内景观的部分在借用室外自然景观上，一种是建筑基地本身处于良好的自然景观中，建筑内部没有布置自然景观，而是完全通过透明的围护结构借用室外景观。另一种是室内与室外自然景观有延续渗透，透明的围护结构并没有在视觉上割裂这种联系。

优美的室外园林景观可透过玻璃完全映入眼帘，虽然室内没有自然景观，但也足以。这个置身于优美自然环境中的玻璃盒子内部还需要任何装饰吗？建筑空间面向内部庭院开放，在围合的庭院中引入自然景观，是一种古老而又久盛不衰的做法。在波特曼设计的上海商城的中庭中，引入了中国传统园林的元素，并以抽象化的斗拱作为符号，占据了空间的视觉焦点，这样中国化的景观空间，不仅具有景观意义，还具有人文价值。

在建筑的入口空间延续室外景观是不少位于外部自然景观条件良好的建筑的常用手法，这样可以使建筑室内室外空间过渡更为自然流畅。建筑师伦佐 · 皮亚诺和联合国教科文组织共用的位于意大利 Punta Nave 的工作室，用来研究建筑对自然材料的使用。在台地园式的建筑群中，没有比这更好的入口处理方式了。建筑空间面向内部庭院开放在围合的庭院中引入自然景观，是一种古老而又久盛不衰的做法。在波特曼设计的上海商城的中庭中，引入了中国传统园林的元素，并以抽象化的斗拱作为符号，占据了空间的视觉焦点，选择中国化的景观空间，不仅具有景观意义，还具有人文价值。

此外，室内景观环境也可以是室外基地景观设计的延续。相似的材质、相似的分割力方法，使室内外景观设计一体化，衔接自然。

（三）我国的园林与室内景观

中国北方和南方园林的设计风格虽然有明显的差异，前者壮丽，后者秀美，但它们都体现了自然天成之趣的设计思想，都是程度不同的自然风景园林，它们那丰富多彩的美都构成了令人心情舒畅、流连忘返的情景，为室内景观设计的发展奠定了基础。

宋代画家郭熙在《林泉高致》一文中曾说："山水有可行者，有可望者，有可游者，有可居者"，"可行、可望、可游、可居"让人"归复自然"。这也是中国古典园林设计的基本思想。室内景观艺术就的手法制造出亲切、朴素的民居院落氛围，再配上树、竹、盆景、灯笼、铜兽头等装饰物，更增添了餐厅环境自然清新的感受及浓郁的民族传统气氛。

二、古典园林造园思想对现代景观设计的影响

当人们在习惯于城市的喧嚣之余去古典园林游览一番时，在流连美妙光景的同时，难免会产生一种别样的审美感受，主要是古人的造园思想和造园理念引起了我们的共鸣所造成的。中国古典园林追求的是人与自然的和谐，利用园林这一特殊的生活空间，将自己的某种情感或感慨通过某种意境展现出来。而这种造园思想在我们物质文明高度发展，更加怀念传统经典文化、思想的今天，对于现代景观设计更具指导力与吸引力。

（一）中国古典园林

中国古典园林可谓历史悠久，源远流长。经过几个世纪的不断完善与丰富，中国古典园林设计在宋明时期达到了一个新的高度，园林建设涌现出一个新的高潮。这一时期，中国古典园林可谓派别林立、琳琅满目。从派别角度来说，主要有皇家园林、寺庙园林以及私家园林等之分；而从地理方位的角度来看，又有云南园林、北方园林、江南园林、荆楚园林等之分，其中最为有名的、最为典型的当数诗人园林。

中国古典园林的设计与建造风格不但在国内享有盛誉，而且在世界园林体系中占据着重要的地位，体现出一脉相承的发展态势。其最大的特点就是将园林的环境与历史文化及审美情趣进行了完美的融合，尽管也对外来文化进行了吸收和借鉴，但是具有中国特色的总体风格特点却没有发生根本变化。中国古典园林建设的目的主要是提升人们的生活品质，因此在设计与建造的过程中，非常注重对园林小气候的改善，比如对园林植被、水体、建筑物采光、保暖、位置等方面都进行了认真的考虑，以使园林形成一个整体的适宜居住生活的理想环境。

（二）古典园林的造园思想

纵观园林建设的古今发展历程，不难看出，中国古典园林追求的是对自然观以及景观意境的表达。

首先是"自然观"的追求。在中国古典园林的设计之中，追求"自然"，强调"天人合一"是古典园林设计过程中永远不变的主体，皇家园林也好，私人园林也罢，寺庙园林等，其都是自然的一种缩小的体现，最终反映的都是"自然"。只有"自然"的东西，才是真正美的东西，才能符合人们对于园林的审美观点。

其次，是对于景观意境的表达。中国自古就有“仁者乐山，智者乐水”的说法，中国历史上的很多文人，都会借景或者物而抒发心中的感慨和思想，因此才会有众多的经典古诗词流传至今。古典园林中，任何一个建筑、景色，哪怕一草一木的布置，都可能寄托着一定的情绪和感受。在园林特定的空间，利用眼前的景物塑造“景有进而意未尽”的意境，使人们透过眼前的美景能够看到更深层次的、更为优美的东西，这就是古典园林造园的精髓所在。在中国古典园林的造园过程中，首先要对意境进行构建，然后再进行园中外部景物的营造。意境是先于景色而存在，园林中的景物是为园林的意境服务的；同时，园林的意境也不能离开景物而单独存在，它必须以景物为依托，进行园林意境的传达，两者相辅相成，缺一不可。

（三）古典园林的造园思想对现代景观设计的影响

首先，对现代景观设计追求自然、尊重自然思想的影响。古人在进行园林建设时特别崇尚自然，这种思想也与现代景观设计追求生态平衡、人地协调的自然观非常趋同，可谓不谋而合。因此在进行现代景观设计时，很多设计都是借鉴了古典园林的自然观来处理人类目前所面临的生态危机，使人类与自然之间的关系变得更为协调，实现人类的可持续发展。这不但是对古典园林造园思想的继承和完善，更具有重大实践与现实意义。比如，近几年涌现了很多以原有地貌景观、植被类型为基础的，将人工景观与自然景观巧妙结合融入周边环境中的现代景观设计等等。

其次，对现代景观设计意境造景思想的影响。古典园林“意境造景”的思想也深深地影响着现代景观设计。现代景观设计同样强调意境造景，也需要营造景外之景；打造风景如诗如画，人在画中游的境界；更需要“石阑斜点笔，梧叶坐题诗”的意境。因此，现代风景设计有很多都大胆地借鉴了古典园林造景手法，比如运用山水植物在日月晨曦中变化造景等等，营造现代的景、人、意境相互结合的景观设计，使我国古典园林的造园思想得以继承和发扬。

中国古典园林的造园思想不但是古人思想的结晶，更是世界园林艺术的一块瑰宝；不但将我国古典园林建设推向了一个新的高度、新的辉煌，而且对我国现代风景设计也产生了深远影响。作为一名景观设计师，应该对中国古典园林的造园思想进行深入学习与了解，这不但让中国古典园林文化思想得以传承，而且更有利于设计出更好、更优秀的作品，推动我国现代景观设计的进一步发展。

三、现代园林景观设计审美与儒学文化思想

2008 年的一场奥运会将中华民族的传统文化传播到世界的各个角落，中华民族的传统文化震撼了世界。而儒学思想作为我国传统文化中的重要内容，也引起了世界的关注。任何国外的新兴事物传到了中国都必然受到我国传统文学的感染和号召，现代

园林景观设计的审美也不例外。本节主要从现代园林景观设计中儒家文化的特征体现、现代建筑景观设计中的儒家美学思想这两个方面进行深入的解读。

（一）现代园林景观设计中儒学文化的特征体现

1. 我国城市的现代园林景观设计注重以人为本。以人为本一直是儒家思想中最重要的一个文化理念，在我国现代园林景观设计中有很重要的体现。基于这种观念我国的现代园林景观设计过程中需要注意到人的心情愉悦，以人的需求作为园林景观设计的出发点。比如现代城市人们的生活节奏很快，各方面的压力会造成人的心理方面出现问题，进行园林景观设计时就要注意到人们在心理方面的需求。很多城市在大型的建筑群之间会修建一个大的公园，公园里有长椅、凉亭、小广场以满足不同人的心理需要。都市白领可以在长椅上午休，老年人可以在凉亭里面下棋，大妈们可以在广场上跳广场舞，不同的人在这样的公园里都可以得到心灵上的放松。这也是城市现代园林设计遵循儒家文化思想理念的体现。

2. 我国城市现代园林设计注重和谐理念。儒家思想最为重要的理念就是和谐，讲求人自身、人与社会、人与自然的和谐相处，所以我国城市现代园林设计中相较于外国更加注重人与自然的和谐相处。比如在园林设计中不同植物的配比，公园和森林的选址等都需要注重整体的和谐性。在儒家文化思想的影响下，现代城市园林的景观设计不会特意区分个人场所和公共场所，而是将不同的功能区域进行融合，使人与景观设计能够相互协调。在郊区工业区设计森林区域，在 CBD 建筑群中加入大型公园，在生活区增加外部绿化等措施无不体现了现代园林景观设计中的儒家文化思想。

3. 园林景观设计中体现儒家审美观。儒家的审美观注重自然美，我国的园林景观设计中主张自然美在园林设计中的重要配比。比如我国园林景观中注重引入湖景，在湖中有很多的游鱼，这是外国园林景观中所不具备的。受儒家思想的影响，现代园林景观设计中的植物多选择有寓意的植物，比如松、竹、梅是现代园林中最主要的植物。松树生命力极强，代表意志坚定。竹子节节拔高，蓬勃向上，不受霜寒影响，比喻坚贞的性格和虚心向上的高洁品质。“梅花香自苦寒来”，梅花一直代表着坚定的信念而为人所喜爱。外国的园林景观设计中的植物大多因为植物的习性进行选择，少了中国的文化意蕴。

（二）现代园林景观设计中体现的儒家美学思想

1. 和谐之美。上述现代园林景观设计中儒学文化的体现中已经对和谐之美有所涉及。儒家思想的核心观念就是“和”，这也代表我国人民以和为贵的传统思想。在外国园林景观设计中追求个性化时，我国一直注重园林景观设计中的和谐美。讲求建筑、人、景观之间的和谐统一，追求景观与自然的有机结合。在进行景观设计时注重因地制宜，巧妙地将自然景观和人工设计相结合。注重石、湖、树等位置设计，体现人造景观和自然景观的亲昵。

2. 对称之美。儒家的“尚中”思想造就了富有中和情韵的道德美学原则，对称的景观设计在我国传统景观设计中的体现非常明显，苏州的拙政园、北京的颐和园、故宫博物院等都是我国对称美的集中体现。所以在我国现代园林景观设计中汲取了大量的古建筑对称设计理念，在园林景观设计中大量运用对称的设计方式。如现代城市园林景观设计中树木的排列对称、石拱桥的对称、湖泊的对称等等，处处体现了儒家的对称之美的思想理念。

儒家文化作为我国传统文化中的经典之学，处处对我国的现代园林景观设计产生影响。我国的传统文化意蕴丰富、源远流长，具有巨大的创造性。在现代美学中引入传统美学，才能让现代园林景观更加具有韵味，更加符合中国人民的审美。尽管现代的园林景观设计从国外引进，但是一味地照搬照抄外国思想，并不能促进我国现代园林景观设计的发展。只有在现代园林景观设计中将儒家文化思想深入地运用，才能够真正地实现人与自然和谐相处。

第三节　传统建筑与现代设计的结合

一、中国传统建筑设计手法与现代技术结合

我国的建筑创作一直遵循着传统的创作手法，以民族传统文化为根基，然后随着时代的变幻而有新的变化。当前各国的建筑理念都传入我国，建筑理念呈现多元化的态势，这样的形势下，建筑创作仍然沿着自己的发展轨迹进行发展和变革，不断取得新的发展。当前，中国的建筑风格在世界建筑群中独树一帜，与其深厚的文化底蕴是分不开的。

（一）建筑设计手法的变化

1. 历史的延续

我国是一个拥有悠久历史文化传统的大国，我国的建筑创作也在很大程度上体现了我国的文化内涵，我国的文化在长期的发展继承过程中，具有十分明显的保护色彩，这点在建筑创作上也得到了体现，我国的建筑设计仍然是以传统的创作理念为主。在我国的建筑历史上，学校教堂融入了鲜明的传统文化内涵，展现中国式的建筑特点。我国的文化对于我国人民影响深刻，因此，人们对于具有文化内涵的古建筑风格十分容易接受，甚至还表现出莫名的好感。随着时间的推移，建筑风格逐渐开始产生变革，虽然仍存在一些具有明清时代特点的建筑，但是现代内容已经开始受到人们的喜爱和认可。虽然我国的建筑理念和风格对我国传统建筑设计手法的继承很大程度地维护着

我国的历史传承，但是当前的世界是相互交融的世界，经济全球化已经成为大的建筑背景，我国的建筑设计理念和风格不可避免地会遭受到强烈的冲击，面临着巨大的挑战。

2. 建筑设计的变化

随着时代的变迁，国际的交流更加频繁，在此背景下，我国扩大了对外开放的力度，进而获得更好的发展，在许多领域都取得了巨大的成就。但是与此同时，对外开放程度的加深不可避免地给我国的经济发展带来巨大的冲击，建筑行业也是如此，各种先进的设计理念被传入，进而促进我国的建筑设计产生一定的改进。举例来说，关于柱的设计，在吸收了西方的柱廊以及列柱等方法后，改变了原来比较单调的设计风格，在形式上更为丰富。关于屋顶的设计我国在吸收了西方的设计理念后，开始采用切角、天窗等形式，改革了过去那种大屋顶、大屋面的形式。这些变化都得益于对外来先进设计理念的吸收，进而须经我国建筑设计的改革与创新，但是就整体来看，与国外的先进设计理念还存在一定的差距，需要继续学习创新，并根据我国的实际情况，打开我国建筑设计的新格局。

3. 符号的提炼

建筑创作既有继承传统的一方面，也还有吸收外来先进理念的一方面，这在很大程度上体现出我国兼容并蓄的胸怀。中国的建筑创作通过对外来文化的吸收而不断地发展和创新，进而促进其可持续发展。建筑师在进行建筑设计的过程中，提炼传统建筑的符号，进而把握不同民居的特色，以具体的实际环境为根基，融合国外的先进设计理念，借助现代化的科学技术，在进行设计时大胆地尝试，推陈出新。举例来说，北京的炎黄艺术馆、中国国家图书馆、武夷山的武夷山庄以及昆明 99 世博会中国馆等，都是推陈出新的典型代表。

（二）现代室内设计对于传统设计手法的继承与创新

1. 传统元素在现代室内设计中的应用

（1）传统图形在现代室内设计中的应用。当前，在进行室内设计时，采用了很多的传统图形，这点在室内建筑以及仿古的园林中表现得尤其明显。传统图形可以给人很强的视觉冲击感，在进行有关内涵的表达时比其他的元素更为直接，而且它的形式十分丰富，可根据自己的兴趣爱好进行选择，因此受到大量用户以及设计者的青睐和采用。除此之外，传统图形由于具有一定的历史渊源，它的出现和产生多是和一定的社会时代背景紧密关联，在很大的程度上体现了既定时代和社会的经济政治文化特征，因而比其他元素更具厚重感。另外，我国幅员辽阔，因此不同地域之间具有很大的差异，不同地域的文化具有很大的差异，即使是同样的图案在不同的地域中，被使用的形式可能存在着很大的区别，南北或者民族之间的差异而导致图形内涵的差异性，而这种差异性深受现代人的喜爱，进而成为室内设计不可或缺的重要组成部分，被大多数的设计师应用。而且对传统图形的使用，并不仅仅是对传统图形的生搬硬套，而是通过现代化的方法或者工艺来实现的，对传统图形进行一定的改造和加工，不但很好地保留了传统图形的历史韵味，而且很好地展现了当下的时代特色，进而呈现出新的面貌，成为新旧融合的典型代表。

（2）传统色彩搭配在现代室内设计中的应用。对于建筑设计而言，色彩搭配在很大程度上影响着设计的优劣。根据我们的常识，在进行室内设计的欣赏时，最先抓住我们眼球的就是色彩搭配，如果色彩搭配得很和谐，首先就给人先入为主的好感，而如果色彩搭配很不和谐，就会给人先入为主的不良印象，进而影响对其他设计的印象。因此，我们常常将色彩搭配视为室内设计的灵魂。观察我国古代的建筑设计，可以发现古代房屋在进行室内设计时，对色彩的运用具有自己的特点，通过构成方法和色彩搭配的有机结合，达到最佳之境。室内设计所用的材料本身就有色彩和肌理，将之有效结合，使之相互映衬或者合二为一，达到最佳的设计效果。当下，在进行室内设计时，传统设计的色彩搭配的特点被设计师所运用，将传统色彩与现代化的时尚元素进行合理的搭配，不但能够很好地体现出设计的复古感，还能够体现出现代的时尚感，给人以美的享受。

（3）传统吉祥寓意在现代室内设计中的应用。我国的传统建筑设计中，吉祥寓意的元素是必不可少的，上至皇族贵胄的建筑，下至普通老百姓的住宅，吉祥寓意的元素均可看见，这样的情况经过几千年的发展，至今仍然是设计师的重要理念之一。这种吉祥寓意的元素很大程度地表达了中国人民追求“平安”“和谐”等理想，很好地诠释了人们对于美好生活的向往。这种追求美好生活的理想不管在任何时代，都是人们的共同期盼，因而在当下的室内设计中同样被广泛地使用，举例来说，当下，人们在结婚时仍会贴许多的“喜”字，以讨个吉利，另外，陕北地区十分流行的“窗花”等。

2. 现代室内设计对传统装饰文化内涵的借鉴

（1）以人为本的思想。当下，我们仍然在大力建设和谐社会，而和谐社会最重要的理念就是“以人为本”，社会的进步和发展一定要很大程度地满足人们的需求，这种需求不仅仅是体现在物质环境的极大丰富上，更是体现在人们精神生活的极大丰富上，进而促进人们身心的共同发展。随着我国和谐社会建设的脚步加快，人们对物质文化水平的要求也越来越高，这样的变化很大地推动了现代室内设计的发展，人们对于居住环境的理解发生了质的变化，住所不再仅仅是为了遮风挡雨，更是为了放松和休闲，因此，视觉享受、精神享受及文化体验在现代室内设计中变得越来越重要，这也对设计师有着更高的要求。就当下的情况而言，我国的室内设计已经不再是单纯地进行墙体的粉刷以及简单的装饰，而是需要将情感、美感、文化等众多的元素融合在一起，其中，传统的“仁和贵”等因素被广泛地使用。我国的室内设计从 20 世纪 80

年代的实用理念，到20世纪90年代的简单装饰理念，再到当今的融合理念，从追求简单实用到追求精神享受，很好地体现了人们对于自我价值、自我满足以及自我需求提升的变化。“以人为本”不仅仅是一个政治概念，更是一种生活理念，它深深地扎根于我国的土壤之中，其深厚的底蕴和丰富的内涵必将使其在现代室内设计中大放异彩。

（2）集美思想的运用。所谓“集美”，顾名思义，也就是指将所有极具美感的因素集中在一起。追求美是人们的天性，我们的先辈很早就开始了追求美的旅程，他们在我们这片热土上追求美好的事物，并将其运用于日常生活中，充分地表达自己对于美好事物的憧憬和向往。“集美”的理念一直流传至今，现代的许多建筑都在追求美，举例来说，家具上的梅兰竹菊刻画、2008年奥运火炬的祥云图案等都是“集美”理念的代表。当今，人们对于信息的传递更加快捷方便，大量信息不再需要在浩瀚的书海中找寻，仅仅需要敲击键盘和鼠标就可完成信息的查询，这使得人们对于传统元素的利用变得更加便捷。当前，在进行室内设计时，人们的追求更加多样化，儒雅型、简约型、中西结合型以及古典型各有所好，多是众多美好因素的融合，这样的设计理念已成为重要的设计理念。

（3）吉祥如意的诠释。上文所述的“集美”思想是人们对于美的追求，除此之外，吉祥如意的思想则是人们对于美好生活的向往，而且这种吉祥如意的思想在古代的建筑设计中被给予充分的重视。随着我国文化的发展，室内设计的主题也变得更加丰富，许多传统因素被人们重新用于室内设计中，除了起到装饰的作用外，还表达出吉祥如意的意境，进而在人们繁忙的生活和巨大的工作压力下给人们以慰藉，满足人们的精神追求。

（4）对立统一规律。对立统一规律是唯物辩证法的主要思想之一，它的应用表现在社会生活中的方方面面，建筑方面对于对立统一规律也有运用。故宫就是典型的代表，它在进行建筑时十分讲究对称和统一，是我国十分有名的轴对称建筑，体现我国古代的中庸思想。此外，北京香山饭店的建筑设计也采用了大量的对称图形，很好地体现了道家中庸思想的内涵。北京香山饭店的第一排建筑使用了10对正方形，并且十分对称地排列分布在大门的两侧，此外，饭店广场上的流水图像使用的也是轴对称的形式，其整体的结构与我国的古建筑大体一致，很好地继承了我国古代文化的对立统一思想，并且在此基础上又进行了新的创新，体现出历史与时代相结合的美感。

在社会发展的过程中，建筑行业做出了很大的贡献，为人们的居住做出了很大的贡献。在长期的发展中，传统建筑设计手法一直被保持和继承，与此同时，在建筑中也很好地融合一些现代技术，因而更易被人们喜爱和接受。就像现代室内设计一样，不仅将传统图形、传统色彩搭配以及传统吉祥寓意运用在现代室内设计中，而且将传统的以人为本思想、集美思想、吉祥如意思想以及对立统一规律运用在现代室内设计中。这样将中国传统建筑设计手法与现代技术结合的方式，展现出一种全新的设计理念，不但极大地提升满足了人们对于设计的要求，而且很大程度地促进建筑设计的可持续发展。

二、中国传统建筑装饰纹样在现代室内设计中的运用

装饰纹样是存在独特的审美特征及美学规律的，它随着社会人类文明的发展进步而不断被丰富，直至如今已经被广泛应用于人们的室内空间设计当中，演绎并发挥了它巨大的装饰艺术审美价值。

（一）中国传统建筑装饰纹样与现代餐饮空间设计的关系阐释

现代餐饮空间以传统文化为主题，而且某些颇具地域特色，这为他们在本地市场中的良性发展奠定基础。在对餐饮空间进行设计过程中，就要正确理解、充分考量并适当把握传统建筑装饰艺术纹样的合理使用，明确建筑装饰纹样与现代餐饮空间设计之间的密切关系，进而有效开展这一项具有创造性的文化活动。

现代餐饮空间设计以传统饮食文化为主题，这也是一种文化延续发展与传承过程，它与现代文化融合，也希望与传统建筑装饰纹样结合，利用传统建筑装饰纹样中的某些典型特征元素符号来引导空间设计理念，进而选择并展示合适且优秀的空间表现形式。换言之，现代空间设计与创造应该源于传统艺术思维，但它的创作也并非向传统艺术简单索取与复制，因为它还与现代设计理念及法则相结合，最终形成全新的艺术创作成果，实现古今合璧。如此中古结合的设计创造形式也为现代餐饮空间设计平添了几分内在魅力，它的创新性应用是不言而喻的，它不但赋予了餐饮空间以现代感，也体现了传统装饰文化内涵。举个例子，某餐厅在空间设计中采用了联络室内外的隔断窗，它成为整个空间设计的亮点，格外引人注目。因为从设计形式上，它采用了与其餐饮空间设计不一样的风格，但在造型语言上却与空间整体相得益彰。隔断窗所采用的是传统建筑装饰纹样中的冰裂纹花窗影子造型，但考虑到传统冰裂纹花窗形式过于古板规矩，纹路也相对固定，所以设计者在这里对冰裂纹的尺寸进行了夸张调整，利用现代材料在整个隔断窗上镶嵌了一组不规则框架，再配合半透明材料来凸显外部光的照射作用，让隔断窗上的冰裂纹造型更加晶莹剔透，闪闪发光。这种设计改造独具创意，不但没有失掉对传统建筑装饰纹样的有效理解应用，也在一定程度上保证空间设计的文化内涵，为整个餐饮空间设计添姿增色。这就是传统建筑装饰纹样与现代室内设计之间的关系，设计者完全可以通过自身设计创意来改善二者关系，但从本质上来讲，它们之间依然是相辅相成的，在共同融合背景下才能熠熠生辉，凸显室内设计艺术美感。

（二）现代餐饮空间设计中采用传统建筑装饰纹样的局限性

当代社会发展节奏快速，人们对于室内空间设计的艺术理念也已经趋于功能化、综合化发展方向，它们的类型丰富且功能多元，不仅仅提供就餐服务也追求就餐过程中理想化甚至艺术化的精神体验，这也是未来餐饮经营理念的必然演变趋势。但也正是由于社会发展节奏的快速化，人们驻足餐厅的时间不会太长，整体就餐餐饮环境讲求快节奏、高效率，所以大部分餐饮空间的装饰设计趋于开放和色彩明快主题，整体上空间格局设计整齐简洁，实际上并不适用某些讲求内涵的传统装饰元素。这说明在现代化、多元化经营理念下，餐饮空间的性质与需求正在发生快速改变，某些传统的餐饮空间形式设计过分追求中国传统设计的规范性与一致性，这导致它们在现代餐饮空间设计中受到限制，无法发挥其应有的艺术魅力。

再一点，传统建筑装饰纹样源于传统建筑结构，它在历朝历代的变化虽然丰富，但与现代建筑结构形式与特征相比还存在较大差异，特别是将新结构、新材料、新技术将这些传统艺术元素用于新展示功能的过程中，其改变可能无法迎合现代人的生活需求。换言之，在现代人审美大局观众，传统建筑的构成要素与运用已经无法匹配大多数人的审美口味，所以这也让传统建筑装饰纹样在现代餐饮空间设计中存在过多局限性。归根结底，还是现代社会中人们无法正确认识并对待传统建筑装饰艺术元素，因此如果它希望在现代设计中得以延续，还需要迎合现代化设计元素，并寻求创新与巧妙融合，找到正确的表达途径。

（三）现代餐饮空间设计中对中国传统建筑装饰纹样的运用赏析

1. 对传统建筑装饰纹样要素的移植运用

直接将中国传统建筑装饰纹样题材以及某些装饰构件运用于餐饮空间设计当中，这被现代人称为“复古再现”创作手法。由于这些传统艺术元素在经历了长期的实践运用与文化传承后，它们无论在技艺表现还是在艺术成色上都已经相当成熟，许多艺术纹样已经成为经典，因此它们被现代人直接移植过来使用，像比较经典的“福”“禄”“喜”“寿”等文字纹样，以及“龙”“马”“喜鹊”等动物纹样都为许多餐饮空间设计所直接采用，它们都具有民族文化本质特征，能够直接区别于现代设计元素而独立存在，象征着餐厅本身对传统文化的借鉴与崇尚。

所谓“移植”，我们可以理解为现代餐饮空间在设计中直接照搬传统装饰纹样与建筑构件，其目的就是营造一种完全的古典环境，这一思路贯穿于餐饮空间构造与区域划分设计始终，大到整体界面设计，小到细节构件设计，每一处设计都体现匠心独具，体现了设计者对于古典式室内空间氛围营造的深度理解。比如以某茶楼为例，它就采用了大量的中国传统建筑装饰纹样，像月梁、雀替等等都是对传统装饰纹样的有效借鉴，而某些带有传统纹样的结构构件如栏杆、屋檐、高台基也被运用其中，实现了对餐饮空间设计的有效划分，体现了传统文化意蕴之美。在现代建筑结构中，这种完全移植的复古设计能够与餐饮空间主题相融，其目的就是为食客再现传统氛围，打造一种别样的就餐体验。所以从该茶楼的设计来看，它就满足了“高台榭、美宫室”的传统典雅意境。特别是高石台基上花鸟纹样的设计既清新又简洁明快，它完美地与地面亭台相互衔接，再配合现代装饰材质与光影效果就体现出一种切合茶楼古色古韵主题的文化艺术意境，这就是传统装饰纹样与构件在现代室内空间结构设计中的完美移植，二者相辅相成，展示出了一种较为融洽的发展态势，突出了中古合璧的形式美感。

实际上，类似这样的完全复古移植案例非常多，像某些餐饮空间设计在主题、空间形制、规划上都深受传统装饰纹样要素影响，将古代繁复的花鸟题材与现代简约的设计理念相交，并在新旧之处拿捏得恰到好处。例如，在设计中重视对餐饮空间主题的有效贴合，将花鸟格窗形式隔断斜向分割，这种移植可以被视为对传统装饰纹样设计的创新改变，其形式感突出且新颖，既能彰显主题意境，又能体现餐饮空间艺术要素变化，这种移植是值得许多餐饮空间设计所学习和借鉴的。

2. 对传统建筑装饰纹样要素的重构运用

对传统建筑装饰纹样要素可以移植，当然也可以重构，重构是对传统文化的创新过程，这一点已经被现代人深刻体会并娴熟运用。现代人讲求室内空间设计的立体化构造，它能够让空间更加开阔，同时也能体现某种空间层次感和韵律感。采用立体构成的方法来装饰空间，它并非传统中将建筑装饰纹样简单依附于实体建筑构件上，而是希望打破这种纹样造型的二维及 2.5 维空间，走出平面表达禁锢，形成三维立体构成设计，打造全新的三维空间。这种立体化构造充分保留了纹样固有特征，无论是在建筑结构、空间尺度，还是在施工工艺、材料技术等方面都实现了条件制约突破，为传统建筑装饰纹样增添了几分现代化魅力。例如，某餐饮空间中运用到了立体化构造的云纹设计，它远看是一团云朵，它所采用的是反射能力较强的材料，将祥云造型展示于室内空间中，呈现出一种虚实相生的立体艺术效果，它的装饰纹样与整体造型都充分利用到了空间中光与色的特殊作用，所营造的意境奇特且新颖，更有一种腾云驾雾的灵动感，这就是对中国传统建筑装饰纹样的创新重构。

千百年来，中国人以传统文化为傲，在现代室内空间设计中沿用大量传统要素，如本节所提到的建筑装饰纹样，他们取其意、延其神，在原味移植的同时也追求创新突破，创造出了更多形式美感强烈且简约明快的传统建筑装饰纹样现代空间设计。这实际上就是对文化的传承与重新解读，它满足了现代人对于传统文化的多元化需求，是对传统美的可持续健康发展过程。

第四节　山石、水、植物

一、园林植物与山石配置

山石在建造古典园林中起到非常重要的作用，因为山石不仅具有形式美的特点，还具有意境美和神韵美的特征，这使得山石在园林中具有很高的审美价值。所以，在古代有“园可无山，不可无石”的说法。在我国许多著名的园林中，均有掇石为山进行点缀，其中典型的代表有北方富丽的皇家园林、江南秀丽的官宦私家园林以及岭南独具特色的贬谪园林。园林设计的过程中，重点在于植物和山石相结合进行景观的创造，无论是要突出植物的特别还是山石的美，都需要结合植物、山石的自身特点和具体的周围环境，只有挑选出适合的植物和山石，这样构造处理的园林才自然和美观。

（一）园林植物配置的基本原则

科学性和艺术性是创作完美的植物景观的先决条件，通过科学的方法，可以满足植物与环境在生态适应上的统一；同时，还能通过艺术构图原理体现出植物个体及群体的形式美，及人们在欣赏时所产生的意境美。因为园林建设的地点存在很大的不同，所以选择的植物种类必须和所种植地点的气候相吻合，这样才能保证植物的健康成长，建造出具有观赏性的园林和营造出良好的生活环境。

1. 景观性原则

植物具有生命活力，因此不同的园林植物所表现出来的形态和生态特点存在很大的不同。同时，不同的植物适合生长的温度、土壤、季节等条件也有差异。所以，在进行园林设计时，要根据当地的具体气候环境、地质特点选择适合的植物；同时，植物的观赏性也要考虑进去。例如，根据园林的所在地选择不同高矮、形态的植物，这样可以让园林更具有美观价值和人为关怀性。

2. 生态性原则

生态平衡可以将园林的观赏性大幅度提高，即在园林设计时要优先达到生态平衡。生态设计是指构建多样性景观，合理配置绿化整体空间，将自然生态要素最大化，实现生产力健全的景观生态结构。而实现生态功能的基础是绿量。因此，在进行植物搭配时，要将乔、灌、草和地被覆合群落搭配起来，提高光合作用的强度，增加气候环境的创造。同时，在选择植物时，还需要考虑植物的功能。例如，有很多植物既具有绿化以及美化环境的作用，还具有防风、固沙、防火、杀菌、隔音、吸滞粉尘、阻截有害气体和抗污染等保护和改善环境的作用。选择这些植物进行种植，既可以提高观赏性还起到调节气候的作用。

3. 生物多样性原则

单一的植物不仅会让人们审美疲劳，还不利于植物的自身生长。因此，在原料设计中，要选择更多的植物种类，这样不但提高了观赏价值，还保证了植物群落的稳定性和降低了不利因素的危害，保障了植物群落的健康成长。所以，只有在园林中多样性地种植植物，才能构建不同生态功能的植物群落，更好地发挥植物群落的景观效果和生态效果。

（二）植物和山石配置的形式

园林的观赏性在于所有物质的和谐，即存在于园林中的植物、山石和周围环境的搭配。所以，在园林的建设中，当利用植物与山石进行组织创造景观时，不仅要考虑植物、山石自身的特点，还需要考虑植物和山石所处的具体环境。根据周围的具体环境，选择适合该环境的植物和山石。选择植物主要考虑的是植物的种类、形态、高矮、大小以及植物相互之间的和谐；选择山石主要考虑与所选植物的配合，使得山石与植物组合完美结合，达到自然的效果。通常搭配的原则是柔美陪衬刚硬，多以在种植较为柔美的植物后，选择一些硬朗和气势的山石。单纯的植物无法表达和谐之美，如果配上山石，可以使植物显得更加富有神韵。让人们感觉真正置身于大自然的环境中。

1. 层次分明、自然野趣——山石为主、植物为辅

古代的园林中，山石一般被放置在庭院的入口或者显眼的地方；而在现代的园林中，在公园或者住宅的入口也会放置山石。这足以显示出山石的重要性。而在公园中的山石旁，常会种植植物来点缀和烘托石头，这样可以达到静中有动、动中有静的效果，使得层次更分明。而在园林的设计中，山石为配景的植物配置更能展示自然植物群落形成的景观。这样也更接近于真实的自然环境。最常用的种植方式是在树丛、绿篱、栏杆、绿地边缘、道路两旁、转角处以及建筑物前栽种花卉，然后再配以大小不同的山石，达到一种和谐美和亲切感。在崇尚自然和谐的今天，绿草中种植花镜是非常可行的一种种植方法。

2. 返璞归真、自然野趣——植物为主、山石为辅

植物是自然界中存在的一种神奇物质，其不仅因其形态的多样性闻明，还因其能平衡自然界而著名。在园林的设计中，植物的和谐种植可以让园林有自然和谐之美。然后配上山石，能够达到动中有静的效果。如上海中山公园的环境一角由几块奇石和植物成组配置。石块大小呼应，有疏有密，植物有机地组合在石块之间，蒲苇、矮牵牛、秋海棠、银叶菊、伞房决明、南天竹、桃叶珊瑚等花境植物参差高下、生动有致。佘山月湖山庄的主干道两侧以翠竹林为景观主体，林下茂盛葱郁的阴生植物、野生花卉、爬藤植物参差错落、生动野趣，偶见块石二三一组，凹凸不平，倾侧斜欹在浓林之下，

密丛之间，漫步其中，如置身郊野山林，让人充分领略大自然的山野气息。

3. 因地制宜、相得益彰——现代园林中的植物、山石配置

山石作为自然界的产物，在中国古典园林的建设中起到至关重要的作用，山石具有集结了山川的灵气和蕴含了身后的历史文化，因为其具有其他事物无法取代的特点而在自然界中占据绝对主导的地位。与古代的园林存在很大的不同，现代人们更追求一种身心均健康的生活方式，现代园林为了与时俱进，其设计必须符合当代人的精神与心理状态情感交流及审美情趣的基本要求。所以，现代园林的山石构造发生了历史性的改变。山石不再是纯天然的山石，而需要进行一定的人工雕刻和修饰，即更多的人文文化融入其中。在这种山石中配上低矮的常绿草本植物或者宿根花卉层，这样更能凸显出搭配的灵动性，让人们观赏起来回味良久。在扬州的个园的月洞门前面，有一堵粉色的墙，墙上画有竹石，这个画面配上周围的翠竹，加上气候宜人和石笋参差，让人们如亲临大自然，不禁会感叹生活的美好。如果恰当的植物造型、色彩和山石相配合，更能衬托出山的姿态和坚韧的气势。

园林的创建是为了满足人们日益增长的精神需求，其不仅为人们创造出了优美的景色和文明和谐的休息场所，还营造了温馨的环境。石是自然界的产物，利用石头堆创出山，然后将山石和植物进行完美的结合，不但体现了人类的智慧，还体现出中国园林独特的山水自然情趣。山石的坚韧体现了自然山川的灵气神韵，而植物则蕴含着柔美和不屈，两者的完美结合，将综合景观效果发挥得淋漓尽致。随着社会的发展，山石和植物合理搭配进行园林的设计和建设，已经成为现在园林设计的必然趋势。在园林中，植物不再是植物学意义上的植物，而是赋予了灵性的主观存在物；而山石也不再是矿物学意义上的山石，在园林中山石已经是有生命和灵性的存在物。使山石和植物成为园林的一部分，彰显了人类的智慧和胸怀；同时，增加了艺术效果，将园林诗意化和人性化。但是在园林植物和山石的搭配中包含着很深的学问。因此，本研究分析了园林植物配置的原则以及阐述了植物和山石配置的方法，希望在实际工作中起到指导作用。

二、水环境与园林景观设计

现如今的社会生活中，国家的经济发展速度变快，国家的实力不断增强，这样也就使得人们的生活速率变得极快，人们在生活中的负荷加重，长时间的高负荷工作会使得人们的生活变得疲累，枯燥，乏味；于是人们在生活中急需精神世界的丰满，好看的视觉景观、丰富的视觉感受能够使人们心情愉悦，能够使得人们的工作效率加快，能够更好地工作生活，为国家发展做出贡献。

（一）水环境与园林景观的关系及水景营造的原则

水在生活中具有很重要的作用，能够保证人们在生活中的生存发展需要，园林景观设计使得人们在生活中更好更快地发展，单就某一方面来讲，无论是水环境还是园林景观建设都是能够使得人们更好地生活的必需品，但两者在生活中也具有一定的联系，在进行园林景观设计建设中很多时候都会利用到水环境，园林景观在建设的时候一般都是静态的不动的，但是水资源的出现和使用就能够使得园林景观充满生机，充满活力。这样就能够建设出动静结合、更具特色的园林景观；也就使得人们在生活中所看到的园林景观更具有活力，更能够为人们服务。水景在设计前必须考虑水的补充和排放问题，最好能通过天然水源解决问题。对于小型水体，可用人工水源，做到循环利用，必须符合园林总体造景的需要。由于大面积的水体缺乏立面的层次变化，不符合中国传统园林的造园意境，通常可通过在水中设立岛、堤，架设园桥、栽植水草，在岸边种植树木等多种手法，达到分隔空间、丰富层次的目的。

（二）水景在城市园林景观设计中的应用特点

1. 亲和性

在进行园林景观建设的时候应该满足实用性，园林景观在生活中除了能够改善生活的环境以外，还能够满足人们的精神需求，满足人们在生活中的需要，使得人们在生活中充满动力，所以在进行园林景观建设的时候，应该以实用性为第一目的，以满足人们的生活需求为第一目的，只有这样建设的园林景观才是合格的，适合人们生活的。

2. 隐约性

在进行园林景观建设的时候，应该给人一种曲径通幽的感觉，给人一种更深入去探究的欲望，使得人们在生活中欣赏园林景观的时候，能够真正放松心情，在进行建设的时候可以将水声、水影等因素进行融合，利用园林景观中的各种因素的重叠，覆盖以及互相遮掩等效果来设计出一个更好更美的园林景观。

3. 迷离性

在进行水环境与园林景观设计的时候，应该综合考虑各个方面，将树木、花草、水声、光影等因素进行改进，给人一种“山重水复疑无路，柳暗花明又一村”的感觉，使得人们在进行园林参观的时候，能够真正地放松心灵，真正保证自身的心情愉悦，真正满足人们在生活中的精神需要，满足人们的精神世界。

4. 方便性

在进行设计的时候，应该考虑到水资源会因为长时间的使用之后出现污染的问题，各种园林景观的因素也会出现自然生长和掉落的问题，这都会影响园林景观的使用效果，这就告诉我们在进行设计的时候，应该考虑到这件事，保证在建设完成之后，能够长期有效地使用，出现问题之后，也能在最短的时间内进行恢复，保证人们真正地能够放松心情，满足人们的需要。

（三）设计中的现存问题及相应改进措施

园林景观建设的目的，一方面是为了改善人们的生活环境，一方面是满足人们的精神需要，但是在生活中的园林景观设计的时候，仍然存在一定的问题。

1. 安全方面

人们常说，水火无情。这就告诉我们在进行园林景观设计的时候，如果利用到水资源，就应该保证水资源的安全性能，园林景观在生活中经常是家长带着孩子去游玩的地方，很多小孩子都没有足够的安全意识，这个时候就告诉人们在进行园林景观建设的时候，应该首先保证安全，不要出现损伤。

2. 艺术方面

在进行水环境与园林景观设计的时候，还应该满足一定的艺术性，但是现在很多设计单位在进行设计的时候，并没有进行艺术性的考虑，使得设计出的园林景观不堪入目，所以，相关单位在进行施工之前的设计的时候应该选取合适的设计师，设计出真正具有艺术性的作品，再进行施工，只有这样才能使得人们在生活中的园林景观真正具有一定的作用，真正满足人们的生存发展需要，真正使得人们放松心情。

3. 结合问题

在进行园林景观设计的时候，水元素与园林景观的融合过程中，常常会给人一种很突兀的感觉，这样都是因为在进行设计的时候没有将水元素与园林景观完美结合，这也就告诉我们，在进行建设的时候，应该充分地考虑到各个方面，将水元素与园林景观的其他因素完美结合，设计出真正满足人们生存需要的园林景观。

人们生活的环境都离不开水，人们在生活中也需要园林景观来满足精神世界的富足，园林景观的建设也在很多时候会利用到水环境，只有这样才能使得园林景观更生动，更具有活力。能够真正地使得人们心旷神怡，真正放松心情，在现如今的社会生活中的水环境与园林景观设计的时候仍然存在一定的问题，所以应该在原来的基础上励精图治，争取早日设计出更好的园林景观，满足人们的生活需要。

第五节　诗情画意

中国古典园林是由中国的农耕经济、集权政治、封建文化培育成长起来的，与同一阶段的其他国家的园林体系相比，历史最久、持续时间最长、分布范围最广，是一种博大精深而又源远流长的风景式园林体系。

基于这种历史背景，她与古诗词、山水画等传统文化一脉相承，并且诞生最早（商周时期的苑囿）。而中国的传统文化是在以佛、道、儒为主的传统文化引导下产生的。所以古人尤其是当时的士大夫、文人、雅士追求超尘、脱俗，寄情自然山水更憧憬仙山琼阁诗情画意。他们认为只有在自然之中，心灵方可得到安顿，即“天人合一”。从大自然的天然生机趣味中，获得高雅的美的享受，具有突出的情感性内涵。透过有限的景观的表象，去感受意象内蕴的无限的深意，从中领悟人生的哲理。

一、儒家道家思想的双重滋养

孔子（公元前 551 — 479），鲁国人，中国春秋末期的思想家和教育家，儒家思想的创始人。“仁者乐山，知者乐水”，运用于中国古典园林就是把“比德”的思想以自然山水的方式来比拟。劲松坚忍不拔，寒梅独傲霜雪，翠竹谦虚高节，夏莲出淤泥而不染……都显现出一种理想高尚的人格情操，从而在园林布置中通过自然的景物比拟起象征意义。

老子（公元前 580—550），楚国人，“人法地，地法天，天法道，道法自然”。就是人效法地，地效法天，天效法道，道就按着它自已的样子运行。“为无为，则无不治”。不作为反“道”的事，则天下就会大治。后来孟子提出“天人合一”的理论，和老子的“道法”思想相仿，而天人合一一直是我国古典园林追求的最终目标！

庄子（公元前 360—280），宋国蒙人，是老子思想的继承和发展者，“天地与我并生，万物与我为一焉”。注重天地万物间的相互关系对人的显示作用，以及他们各自表现出的自然属性对人类精神的启示，崇敬天就是崇敬大自然和它对生命的滋养；获取天地生机来追求自身的繁茂，与大自然和谐共存，万物生命同一，相互依存，相互作用，带来生生不已。“天人合一”以达到人与自然的和谐，在中国古典园林里通常借助诗文绘画对园景进行审美点化，然后与自然的山水景物结合创造出超脱的景象。

二、山水诗画

“山水含清晖，清晖能娱人”（谢灵运《石壁精舍还湖中作》）。“仁者乐山，知者乐水”，其实还有一种因果关系，就是“乐水者智，乐山者寿”，这样说似乎可以充分显示山水怡情养性的功能。

中国古典园林不是一般地利用或简单模仿自然，而是有意识地加工、改造、精心调整，既源于自然又高于自然；同样的，山水诗总是包含着作者深刻的人生体验，也不单是模山范水，如“欲穷千里目，更上一层楼”（王之涣《登鹳雀楼》）以理势入诗，兼有教化和审美的双重功能，它表现出的求实态度和奋进精神，对读者无疑是有力的鞭策和激励。

“松下问童子，言师采药去。只在此山中，云深不知处。”唐代贾岛的《寻隐者不遇》，朴实生动地描绘了隐士悠然的生活。王维的“空山新雨后，天气晚来秋。明月松间照，清泉石上流”意境清幽，句句体“道”。果然是“诗中有画，画中有诗”。

山水画是中国人情思中最为厚重的沉淀。游山玩水的大陆文化意识，以山为德、水为性的内在修为意识，咫尺天涯的视错觉意识，一直成为山水画演绎的中轴主线。从山水画中，我们可以集中体味中国画的意境、格调、气韵和色调。山水画外在表现是：虚静、朴素、自然。内在体现为无形、无象、无声的“道”的意志。这也必然是古典园林的追求。因为古典园林的发育和成熟，深藏着山水诗、山水画的“遗传基因”。

三、山水园林

古人在遨游名山大川中受到大自然的熏陶，把在自然中生活中的感受，体现在文字中成为诗词；体现在绘画中就成为中国山水画；移植到有限庭园空间中就形成了中国园林，实际上就是将宏伟秀丽的河山用写意的方法再现在一定的空间内，成为中国园林。“明月松间照，清泉石上流”，王维把山间秋天的月夜写得那么宁静而又富有生气，他在长安东南最著名的“辋川别业”就是由他亲自设计的，由诗人宋之问的蓝田别墅改造而成。

清代钱泳在《覆园丛话》中说：“造园如做诗文，必使曲折有法，前后呼应。最忌堆砌，最忌错杂，方称佳构。”一言道破，造园与做诗文无异，从诗文中可悟造园法，而园林又能兴游以成诗文。诗文与造园同样要通过构思，中国园林，能在世界上独树一帜者，实以诗文造园也。

以苏州园林为例，几乎都取材于著名诗文或古诗。如留园自在处，留园水池北岸的一幢楼房，楼上名“远翠阁”，楼下名“自在处”，楼上“远翠”一名，取自诗“前生含远翠，罗列在窗中”之意，也是因为景诗相符的缘故；又如听雨轩，五代时南唐诗人李中有诗曰：“听雨入秋竹，留僧覆旧棋。”宋代诗人杨万里《秋雨叹》诗曰：“蕉叶半黄荷叶碧，两家秋雨一家声。”现代苏州园艺家周瘦鹃《芭蕉》诗曰：“芭蕉叶上潇潇雨，梦里犹闻碎玉声。”这里芭蕉、翠竹、荷叶都有，无论春夏秋冬，只要是雨夜，由于雨落在不同的植物上，加上听雨人的心态各异，自能听到各具情趣的雨声，境界绝妙，别有韵味。

四、园林与诗画意境

中国山水画与中国古典园林“崇尚自然，妙造自然”有异曲同工之妙。许多文人士大夫将他们的生活思想及传统文学和绘画所描写的意境融贯于园林的布局与造景之中，于是“诗情画意”逐渐成为中国园林设计的主导思想。

这种意境，是“欲把西湖比西子，淡妆浓抹总相宜”的美艳；是拙政园“出淤泥而不染，濯清涟而不妖”的高洁；是扬州个园“宁可食无肉，不可居无竹”的脱俗；是岳庙“杜鹃啼血猿哀鸣”后人对忠魂的敬仰和哀思。

到明、清两代，在这种主导思想的影响下，经过长时间的实践，逐步形成了具有中国独特风格的、富有诗情画意的山水画式的中国古典园林艺术。“有名园而无佳卉，犹金屋之鲜丽人。”（《花镜》）康熙和乾隆对承德避暑山庄72景的命名中，以树木花卉为风景主题的，就有万壑松风、松鹤清趣、梨花伴月、曲水荷香、清渚临境、莆田丛樾、松鹤斋、冷函亭、采菱渡、观莲所、万树园、嘉树轩和临芳墅等18处之多。这些题景，使有色、有香、有形的景色画面增添了有声、有名、有时的意义，能催人联想起更丰富的“情”和“意”。诗情画意与造园的直接结合，正反映了我国古代造园艺术的高超，大大提高了景色画面的表现力和感染力。

所以诗情与画意总是紧密相连不可分割，其画意是人之感官所感受，而诗情是人心灵所反映的情怀和境界。众所周知人的眼、耳、鼻、舌、身五根能够识别色、声、香、味、触五境，但在此之外更高的“境”，只有靠“悟”，只能是通过修炼提高层次方可领悟得到，中国古典园林恰恰具有更丰富的内涵和更高的境界。

参考文献

[1] 萧默 . 建筑意 [M]. 北京：清华大学出版社，2006.

[2] 廖建军 . 园林景观设计基础 [M]. 湖南：湖南大学出版社，2011.

[3] 侯幼彬 . 中国建筑美学 [M]. 北京：中国建筑工业出版社，2009.

[4] 唐学山 . 园林设计 [M]. 北京：中国林业出版社，1996.

[5] 彭一刚 . 中国古典园林分析 [M]. 北京：中国建筑工业出版社，1999.

[6] 余树勋 . 园林美与园林艺术 [M]. 北京：科学出版社，1987.

[7] 高宗英 . 谈绘画构图 [M]. 济南：山东人民出版社，1982.

[8] 计成 . 园冶注释 [M]. 北京：中国建筑工业出版社，1988.

[9] 王其钧 . 中国园林建筑语言 [M]. 北京：机械工业出版社，2007.

[10] 褚泓阳，屈永建 . 园林艺术 [M]. 西安：西北工业大学出版社，2002.

[11] 韩轩 . 园林工程规划与设计便携手册 [M]. 北京：中国电力出版社，2011.

[12] 邹原东 . 园林绿化施工与养护 [M]. 北京：化学工业出版社，2013.

[13][美] 阿纳森 . 西方现代艺术史：绘画·雕塑·建筑 [M]. 天津：天津人民美术出版社，1999.

[14][西] 毕加索 . 现代艺术大师论艺术 [M]. 北京：中国人民大学出版社，2003.

[15][美] 诺曼 · K. 布恩 . 风景园林设计要素 [M]. 北京：中国林业出版社，1989.

[16][德] 汉斯 · 罗易德（Hans Loidl），斯蒂芬 · 伯拉德（Stefan Bernaed），等 . 开放的空间 [M]. 北京：中国电力出版社，2007.

[17] 彭一刚 . 中国古典园林分析 [M]. 北京：中国建筑工业出版社，1986.

[18][美] 格兰特 · W. 里德 . 园林景观设计从概念到设计 [M]. 北京：中国建筑工业出版社，2010.

[19] 郭晋平，周志翔 . 景观生态学 [M]. 北京：中国林业出版社，2006.

[20] 西湖揽胜 [M]. 杭州：浙江人民出版社，2000.

[21] 王郁新，李文，贾军 . 园林景观构成设计 [M]. 北京：中国林业出版社，2010.

[22] 王惕 . 中华美术民俗 [M]. 北京：中国人民大学出版社，1996.

[23] 傅道彬 . 晚唐钟声—中国文学的原型批评 [M]. 北京：北京大学出版社，2007 : 161.

[24] 孟详勇 . 设计—民生之美 [M]. 重庆：重庆大学出版社，2010.